오늘도 맛있게, 솥밥

/ 맛있는 테이블 지음 /

참돌

목차

[프롤로그]

계량 도구 및 계량 기준 … 004 / 조리 도구 … 006 / 양념 재료 … 008

채소 재료 … 010 / 육수 재료 … 012 / 쌀 소개 및 기본 흰쌀밥 짓는 법 … 014

제1장

다채로운 제철 재료가 어우러져
입맛을 깨우는 솥밥

곤드레 솥밥 … 016

아스파라거스 솥밥 … 018

죽순조림 솥밥 … 019

시금치 소고기 솥밥 … 020

고사리 솥밥 … 022

소고기 소보로 삼색 솥밥 … 024

콩나물 솥밥 … 026

바지락 미나리 솥밥 … 027

톳 솥밥 … 027

어묵 멸치 솥밥 … 028

마늘종 돼지고기 솥밥 … 030

치킨 데리야키 솥밥 … 031

도미 솥밥 … 032

관자 애호박 솥밥 … 033

가자미 솥밥 … 033

참치 양파 솥밥 … 034

베이컨 양배추 솥밥 … 035

소라장 솥밥 … 035

제2장

한여름 무더위에 활력을 더해
입맛을 돋우는 솥밥

단호박 감자 솥밥 … 036

소고기 콩나물 솥밥 … 038

대패삼겹살 김치 솥밥 … 039

스팸 솥밥 … 040

삼계 솥밥 … 041

버터 오징어 솥밥 … 042

장어 솥밥 … 043

닭고기 토마토 솥밥 … 044

해물 파에야 솥밥 … 046

갈빗살 대파 솥밥 … 047

가지 솥밥 … 048

꽈리고추 솥밥 … 050

닭고기 율무 솥밥 … 051

민어 솥밥 … 052

초당옥수수 솥밥 … 054

토마토 소시지 올리브 솥밥 … 055

새우 솥밥 … 055

제3장

풍성한 수확의 기쁨을 담아
든든하게 채우는 솥밥

고구마 솥밥 … 056

차돌박이 숙주 솥밥 … 058

우삼겹 참송이버섯 솥밥 … 060

낙지 솥밥 … 061

문어 표고버섯 솥밥 … 061

고등어 귀리 솥밥 … 062

전어 솥밥 … 064

연어 스테이크 솥밥 … 065

옥수수 게맛살 솥밥 … 066

밤 솥밥 … 068

문어 솥밥 … 069

갈치 솥밥 … 069

전복 솥밥 … 070

연어 솥밥 … 072

모둠 버섯 솥밥 … 074

꼬마 새송이버섯 솥밥 … 075

양송이버섯 솥밥 … 075

제4장

묵직한 겨울의 깊은 맛을 담아
속까지 따뜻해지는 솥밥

굴 솥밥 … 076

들깨 시래기 솥밥 … 078

스테이크 솥밥 … 079

들깨 미역 솥밥 … 080

불고기 솥밥 … 082

마 솥밥 … 084

무말랭이 솥밥 … 085

닭고기 우엉 솥밥 … 086

소고기 라구 솥밥 … 088

뿌리채소 솥밥 … 090

아보카도 명란 솥밥 … 091

삼치 솥밥 … 092

장조림 버터 솥밥 … 093

팥 솥밥 … 093

홍합 솥밥 … 094

명란 구이 솥밥 … 096

항정살 솥밥 … 097

꼬막 솥밥 … 097

[부록]

곁들임 반찬 … 098 / 주재료별 색인 … 102

맛의 균형을 지키는 첫걸음, 계량 도구

솥밥처럼 섬세한 밥 요리에서는 재료의 양과 조리 시간이 맛을 좌우합니다. 감각에만 의존하면 매번 맛이 달라질 수 있기 때문에, 일정한 맛을 내기 위해서는 정확한 계량이 무엇보다 중요합니다. 특히 새로운 레시피를 따라 하거나 낯선 재료를 다룰 때는 계량 도구가 훌륭한 안내자가 되어 줍니다.

● 계량 저울

재료를 무게 단위로 정확히 잴 수 있는 도구입니다. 쌀, 콩, 해산물, 채소류처럼 무게에 따라 맛의 균형이 바뀌는 재료는 저울을 활용하는 것이 가장 안전합니다.

● 계량컵

쌀, 물, 육수 같은 부피 중심 재료를 계량할 때 사용하는 기본 도구입니다. 투명 용기에 눈금이 표시돼 있어 쉽게 양을 조절할 수 있으며, 솥밥의 밥물 비율을 맞출 때 꼭 필요합니다.

● 타이머

솥밥은 가열 시간과 뜸 들이는 시간이 매우 중요하므로, 시간을 정확히 관리해야 합니다. 주방용 타이머나 스마트폰의 알람 기능을 활용하면 재료가 타지 않고 알맞게 익는 타이밍을 잡을 수 있습니다.

● 계량스푼

양념의 간을 일정하게 유지하기 위해 반드시 갖춰야 할 도구입니다. 보통 '큰술'과 '작은술'로 나뉘며, 고추장, 간장, 식초 등 액체 양념뿐 아니라 설탕, 소금 등 고체 재료도 계량할 수 있습니다.

이 책의 계량 기준

조리할 때 쉽게 따라할 수 있도록 재료별로 구분된 계량 단위를 사용하였습니다.
쌀과 곡물, 물, 육수 등은 '컵' 단위(1컵 = 180ml)로, 고기와 채소 등은 그램(g) 단위로 표기하였고,
간장과 식초 등의 액체 양념은 모두 계량스푼 기준으로 정리하였습니다.

계량스푼 기준은 다음과 같습니다.
1큰술 = 약 15ml의 계량스푼
1작은술 = 약 5ml의 계량스푼

액체와 가루 모두 같은 계량스푼을 사용하여 평평하게 깎아 담은 양을 기준으로 하며,
그램(g)이나 밀리리터(ml) 단위는 본문에 별도로 표기하지 않습니다.
'약간'은 계량이 어려운 재료에 한해 사용하는 표현으로, 보통 손가락으로 집을 수 있는 소량,
즉 '한 꼬집' 정도의 양을 의미합니다.

레시피 안에 물 양과 불 시간은 평균적인 기준으로 기재하였습니다.
화기 도구의 종류나 세기 등 환경에 따라 물 양과 불 시간 조절에 유의해 주세요.

솥밥의 맛을 좌우하는 조리 도구

솥밥을 제대로 짓기 위해서는 단연 '솥'이 중요합니다. 어떤 솥을 선택하느냐에 따라 밥의 식감과 풍미가 달라지므로, 도구 선택은 결코 가볍게 넘길 수 없습니다.

무엇보다 솥은 열을 고르게 전달하고 오래 유지할 수 있는 재질이어야 하며, 뚜껑이 묵직하고 바닥이 두꺼운 구조여야 뜸이 잘 들고 밥이 눌어붙지 않습니다. 이렇게 열 보존력이 좋은 솥일수록 밥알이 고슬고슬하면서 윤기 있게 지어집니다.

● 무쇠솥

두꺼운 무쇠 재질로 열을 천천히 고르게 전달하며, 보온력이 뛰어나 밥맛이 깊고 밥알이 고슬고슬해집니다. 불 조절에 따라 누룽지도 잘 생기며, 전통적인 솥밥의 풍미를 가장 잘 살릴 수 있습니다.

● 뚝배기

한국 전통의 흙으로 만든 솥으로, 거친 재질이 열을 서서히 흡수하고 오래도록 유지합니다. 찌개, 국 등 다양한 요리를 따뜻하게 즐기기에 적합합니다. 솥밥의 경우, 1~2인분 정도 소량으로 지을 때 특히 유용합니다.

● 스테인리스 솥

스테인리스 재질에 삼중 바닥 구조가 더해져 가볍고 녹슬지 않아 사용과 세척이 편리합니다. 열이 빠르게 전달돼 초보자도 다루기 쉬우며 현대적인 솥밥 조리에 적합합니다.

● 양은솥

알루미늄 합금으로 만든 가벼운 전통 솥으로, 열전도율이 높아 빠르게 밥을 지을 수 있습니다. 다만 열 보존력이 낮고 밥맛이 일정하게 유지되기 어렵다는 단점이 있습니다.

● 도기 솥

정제된 도기(세라믹) 재질로 만들어져 디자인이 세련된 솥입니다. 은은하게 열을 전달하여 솥밥을 더욱 부드럽고 촉촉하게 지을 수 있습니다. 식탁 위에 바로 서빙해도 손색이 없어 요리의 멋을 더해 줍니다.

맛의 균형을 잡아 주는 양념 재료

솥밥을 비롯한 대부분의 요리에서 '맛의 중심'을 잡아 주는 것은 양념입니다. 아무리
좋은 재료를 써도 간이 맞지 않으면 음식의 매력이 반감됩니다. 반대로 기본 재료가
단순하더라도 양념을 잘한다면 훨씬 깊고 풍부한 맛을 낼 수 있습니다.

● 쯔유

간장, 다시마, 가쓰오부시 등으로 만든 일본식 간장으로 감칠맛과 깊은 맛이 특징입니다.

● 새우젓

새우를 소금에 절여 발효시킨 한국식 젓갈로 짭조름하고 고소한 감칠맛이 납니다.

● 참치액

가쓰오부시(훈연한 가다랑어포)와 채소 등을 함께 끓여 맛을 낸 간장 베이스의 액상 조미료로, 깊고 깔끔한 감칠맛이 특징입니다. 국, 찌개, 볶음, 무침 등 다양한 요리에 간장 대신 활용할 수 있습니다.

● 양조간장

전통 방식으로 발효시켜 만든 간장으로 짠맛과 감칠맛의 균형이 뛰어 납니다.

● 국간장

주로 국이나 찌개에 사용하는 간장으로 색이 옅고 짠맛이 강합니다.

● 굴소스

굴 추출물과 간장, 설탕 등을 섞어 만든 소스로 진하고 풍부한 감칠맛과 단맛이 특징입니다.

● 맛술

요리할 때 사용하는 조리용 술로 재료의 잡내를 없애고 감칠맛을 더합니다.

● 매실액

매실을 발효시켜 만든 액체 조미료로 새콤달콤한 맛과 감미를 더합니다.

● 들기름과 참기름

각각 들깨와 참깨에서 짜낸 기름으로 고소한 향과 맛을 내며 볶음이나 무침에 주로 사용됩니다.

● 식초

산미를 더하는 조미료로 신맛이 나서 재료의 잡내 제거 및 맛의 균형을 맞추는 데 도움을 줍니다.

● 레몬즙

신선한 레몬에서 짜낸 즙으로 상큼한 산미와 향을 더해 요리를 산뜻하게 만듭니다.

● 생강 진액

알싸한 향과 매운맛의 양념 재료로 비린내를 잡고 감칠맛을 더하는 데 효과적입니다.

● 올리브유

올리브 열매에서 추출한 오일로, 풀향과 과일향이 풍부합니다. 불포화 지방산이 많아 건강에 좋으며, 샐러드 드레싱이나 파스타처럼 향을 살리는 요리에 잘 어울립니다.

● 포도씨유

포도씨를 압착해 만든 오일로, 맛과 향이 거의 없어 재료 본연의 맛을 살려 줍니다. 발연점이 높아 고온 조리에 적합하며, 튀김이나 볶음 요리에 사용하기 좋습니다.

솥밥의 조화를 완성하는 채소 재료

채소는 솥밥에 생기를 불어넣는 중요한 조연입니다. 주재료의 맛을 해치지 않으면서도 그 풍미를 더욱 풍부하게 만드는 존재죠. 또한 종류에 따라 단맛, 식감, 향 등 다양한 요소를 더해 솥밥 맛의 폭을 넓혀 줍니다.

무, 당근, 버섯, 대파, 콩나물처럼 일상에서 흔히 접할 수 있는 채소들은 익히면 부드러워지고, 밥알과 잘 어우러져 누구나 부담 없이 즐길 수 있는 맛을 냅니다. 무엇보다 계절마다 다양한 채소를 활용할 수 있어 다채로운 자연의 맛을 선사합니다.

● 부추

향이 강하고 아삭한 식감이 특징인 채소로, 보통 무침이나 볶음으로 요리해 먹습니다.

● 대파

매운맛과 단맛이 조화로운 파의 종류로, 국물 맛을 깊게 우리거나 볶아 먹습니다.

● 쪽파

대파보다 작고 부드러운 맛을 가진 파로, 고명으로 올리거나 무침에 많이 쓰입니다.

● 당근

달고 아삭한 뿌리채소로 생으로 먹거나 볶음, 찜, 국 등에 넣어 다양하게 먹습니다.

● 무

단맛과 시원한 맛이 있어 국, 찜, 무침 등 다양한 한식에 들어가는 채소입니다.

● 아스파라거스

아삭한 식감과 은은한 단맛이 특징이며, 주로 데치거나 볶아 먹는 채소입니다.

● 고추

매운맛과 향을 더하는 채소로 생으로 먹거나 말린 채로 양념과 반찬에 활용합니다.

● 콩나물

고소한 맛과 아삭한 식감이 특징인 채소로, 무침이나 국, 찜 등 한식 요리에 널리 쓰입니다.

● 마늘

강한 향과 맛을 지닌 양념 재료로 볶음, 조림, 양념장 등을 만들 때 자주 활용합니다.

● 버섯

종류에 따라 감칠맛과 독특한 향이 나는 식재료로 볶음, 찜, 국물 요리에 다양하게 활용합니다.

밥맛을 끌어올리는 육수 재료

솥밥의 깊은 맛은 단순한 물이 아닌 '육수'에서 시작됩니다. 어떤 재료로 우려냈느냐에
따라 밥의 풍미는 전혀 다른 방향으로 펼쳐지며, 쌀알 속까지 감칠맛이 스며들어 한층
더 조화로운 맛의 솥밥을 만들어 줍니다.

● 다시마 육수

[재료] 물 1컵, 다시마(5 x 5cm) 1장

다시마는 표면을 마른 면포로 닦아 준비합니다. 물이 담긴 냄비에 넣고 중약불에서 5분간 끓이다 건져 내서 육수만 사용합니다.

● 멸치 다시마 육수

[재료] 물 1컵, 다시마(5 x 5cm) 1장, 멸치(내장 제거한 것) 5g

멸치를 팬에 약불로 살짝 볶아 비린내를 제거한 후 냄비에 물과 멸치, 다시마를 넣고 중약불에서 끓입니다. 다시마를 먼저 건져 내고 멸치는 3~5분 더 끓여 체에 걸러 육수만 사용합니다.

● 다시마 가쓰오부시 육수

[재료] 물 1컵, 다시마(5 x 5cm) 1장, 가쓰오부시 3g

다시마는 표면을 마른 면포로 닦아 준비한 뒤 냄비에 물과 함께 넣고 중약불로 5분간 끓이다 건져 냅니다. 불을 끄고 가쓰오부시를 넣어 1~2분 우린 뒤 체에 걸러 육수만 사용합니다.

● 다시마 표고 육수

[재료] 물 1컵, 다시마(5 x 5cm) 1장, 표고버섯(말린 것) 3g

다시마는 마른 면포로 닦아 준비한 뒤 표고버섯과 함께 냄비에 넣고 중약불에서 끓입니다. 다시마는 건져 내고 약불로 10분 더 우려낸 뒤 체에 걸러 육수만 사용합니다.

● 다시마 냉침 육수

[재료] 물 1컵, 다시마(5 x 5cm) 1장, 표고버섯(말린 것) 2g

다시마와 표고버섯을 물에 4~5시간, 혹은 전날 밤새 우린 후, 체에 걸러 육수만 사용합니다.

● 멸치 육수

[재료] 물 1컵, 멸치(내장 제거한 것) 5g

멸치를 팬에 약불로 살짝 볶아 비린내를 제거한 뒤 냄비에 물과 함께 넣어 강불에서 끓입니다. 이후 중약불로 줄여 5분 더 끓인 뒤, 체에 걸러 육수만 사용합니다.

● 닭 육수

[재료] 물 1컵, 닭뼈(혹은 닭 날개 및 닭 다리 살) 30g, 대파(흰 부분) 5g, 양파 5g, 생강 2g

찬물에 5분 담가 핏물을 제거한 닭뼈 또는 닭 부위를 대파, 양파, 생강과 함께 냄비에 넣고 강불에서 끓입니다. 이어 중약불로 줄여 10~15분간 끓여 우려내고 체에 기름과 건더기를 걸러 육수만 사용합니다.

● 채소 육수

[재료] 물 1컵, 양파 20g, 대파(흰 부분) 5g, 당근 10g, 셀러리(혹은 무) 5g, 마늘 1g(선택)

양파, 대파, 당근, 셀러리를 자른 후 냄비에 물과 함께 넣고 강불에서 끓입니다. 이어 중약불로 줄여 10분간 더 끓인 뒤 체에 걸러 육수만 사용합니다.

솥밥의 핵심, 쌀과 밥 짓기의 기본

솥밥의 맛을 결정짓는 가장 중요한 재료는 단연 '쌀'입니다. 아무리 좋은 재료를 넣고 공들여도, 쌀이 제 역할을 하지 못하면 밥맛은 쉽게 떨어집니다. 반대로 좋은 쌀과 정확한 조리만으로도 훌륭한 밥 한 그릇을 완성할 수 있습니다.

솥밥의 맛을 결정짓는 가장 중요한 재료는 단연 '쌀'입니다. 아무리 좋은 재료를 넣고 공들여도, 쌀이 제 역할을 하지 못하면 밥맛은 쉽게 떨어집니다. 반대로 좋은 쌀과 정확한 조리만으로도 훌륭한 밥 한 그릇을 완성할 수 있습니다.

● 고시히카리(Koshihikari)

'고시히카리'는 찰기와 단맛, 윤기가 뛰어난
일본의 대표 쌀입니다. 이 쌀은 솥밥에
적합한 탱탱하고 부드러운 식감을 자랑합니
다. 육수와 양념을 잘 흡수하면서도 밥알이
퍼지지 않아 감칠맛을 살리는 데 좋으며,
식어도 맛이 오래 유지됩니다.

● 히토메보레(Hitomebore)

히토메보레는 일본에서 개발된 고품질 쌀로,
부드럽고 윤기 나는 밥알이 특징입니다.
솥밥에 적합한 쫀득하면서도 고슬고슬한
식감을 지니며, 육수와 양념을 잘 머금어
감칠맛을 살리는 데 효과적입니다.

● 경기 이천 쌀

경기 이천 쌀은 국내 대표 쌀로, 찰기와 단맛이
조화를 이루며 밥알이 탱탱하고 윤기가 뛰어
납니다. 솥밥에 어울리는 부드럽고 쫄깃한
식감을 제공하며, 육수와 재료의 맛을 잘
흡수해 깊은 감칠맛을 냅니다.

● 진상미

진상미는 여주의 대표 쌀 품종으로, 찹쌀처럼
쫀득한 질감을 지닌 찰기가 특징입니다.
시간이 지나도 밥알이 무너지지 않아 오랜
시간 맛있게 즐길 수 있습니다.

● 삼광미

'세 번 빛이 난다'라는 뜻의 이름을 가진 이 쌀
은 찰기가 풍부하고 쫀득한 식감, 고소한 밥
맛이 특징입니다. 솥밥에 잘 어울리는 적당한
찰기와 윤기를 지녀, 육수와 다양한 재료와도
조화를 이룹니다.

기본 흰쌀밥 짓기

[재료] 쌀 1컵, 물 1컵

① 쌀을 부드럽게 여러 번 씻은 후 체에 밭쳐
물기를 제거하고 다시 깨끗한 물에 30분간
불린다.
② 솥에 쌀과 물을 넣고 뚜껑을 연 채 중강불
에서 5분간 끓인다. 물이 끓기 시작하면 주걱
으로 2~3번 저어 준다.
③ 바닥이 보일 정도로 졸아들면 표면을 정리
한 뒤 뚜껑을 덮고 약불에서 10분간 끓인다.
④ 불을 끄고 10분간 뜸을 들인 뒤 주걱으로
밥을 고루 섞는다.

다채로운 제철 재료가 어우러져
입맛을 깨우는 솥밥

겨울잠을 자던 입맛이 슬슬 깨어나는 봄입니다. 햇살을
머금고 올라온 여린 채소들이 솥 안에 모였습니다.
부추, 미나리, 곤드레, 고사리 같은 봄 채소는 밥과
함께 먹으면 향긋한 봄내음을 물씬 느낄 수 있습니다.
싱그러움이 입안 가득 퍼지는 솥밥으로 계절의 시작을
기분 좋게 열어 보세요.

곤드레 솥밥

구수한 곤드레나물 향이 밥에 스며들어
고소함을 더합니다. 담백하면서도 깊은 맛이
느껴지는 건강한 솥밥입니다.

● **재료(2인분)**

쌀 1컵, 물 1컵, 곤드레 150g,
감자 200g

● **밑간용 양념 A**

들기름 1/2큰술, 국간장 1/2큰술

● **곁들임용 양념 B**

양조간장 2큰술, 들기름 1/2큰술,
고춧가루 1큰술, 달래 혹은 쪽파 및
부추(채 썬 것) 30g, 깨소금 1/2작은술

① 곤드레를 강불에서 15분간 삶아 A로
밑간한 뒤 한 입 크기로 썬다.
② 감자는 껍질을 벗기고 깍둑썰기한다.
③ 30분간 미리 불린 쌀을 솥에 옮겨 담아
물과 ①, ②를 넣고 5분 끓인 뒤, 약불로
줄여 10분간 익힌다.
④ 10분간 뜸을 들이는 사이, B를 만들어
곁들인다.

>> 조리 시간 45~50분

아스파라거스 솥밥

비타민 가득한 아스파라거스와 풍미가 깊은 표고버섯, 그리고 마늘의 맛이 조화롭게 어우러지는 솥밥입니다. 들기름과 버터로 촉촉함을 더하고, 진간장과 식초로 깔끔하게 마무리하면 감칠맛을 더욱 느낄 수 있습니다.

● **재료(2인분)**

쌀 1컵, 물 1컵, 아스파라거스(어슷 썬 것) 150g, 표고버섯(편 썬 것) 120g, 마늘(편 썬 것) 20g, 버터 15g, 들기름 2작은술

● **고명용 재료 A**

버터 10g

● **곁들임용 양념 B**

진간장 1과 1/2큰술, 식초 2작은술, 통깨 2작은술

만드는 방법

① 쌀은 30분간 미리 불려 놓는다.

② 들기름에 표고버섯과 마늘을 볶고, 아스파라거스는 버터에 살짝 익힌다.

③ 솥에 불린 쌀을 넣고 중강불에서 5분 끓이다 약불로 줄여 10분간 익힌다.

④ ③에 ②와 A를 얹고 약불에서 10분간 뜸 들인 뒤, B를 만들어 곁들인다.

>> **조리 시간 30~35분**

죽순조림 솥밥

아삭한 죽순조림이 밥에 은은하게 달콤 짭짤한 맛을 더해 줍니다. 간장으로 조려낸
죽순과 고슬고슬한 밥알이 만나 담백하고 깔끔한 맛을 완성합니다.

● **재료(2인분)**

쌀 1컵, 물 1컵, 죽순(삶은 것) 120g,
당근(얇게 채 썬 것) 50g, 다진 마늘 1작은술,
양조간장 1큰술, 들기름 1큰술

● **고명용 재료 A**

부추(송송 썬 것) 25g

● **곁들임용 양념 B**

홍게 간장 1큰술, 청양고추(송송 썬 것) 15g,
참기름 1큰술, 참깨 1/2큰술

① 쌀은 30분간 미리 불려 놓는다. 죽순은 아린
맛을 제거하기 위해 찬물에 담가 놓는다.
② 들기름에 마늘을 볶다가 죽순과 당근을
넣은 뒤, 양조간장으로 간을 맞추며 함께 볶는다.
③ 불린 쌀과 물, ②를 솥에 넣고 중강불에서
5분 끓이다 약불로 줄여 10분간 익힌 다음 10분
간 뜸 들인다.
④ ③에 **A**를 올리고, **B**를 만들어 곁들인다.

>> **조리 시간 35분**

시금치 소고기 솥밥

신선하고 부드러운 시금치와 고소한 소고기가 만나 깊은 풍미를 자아냅니다. 두 재료가 어우러진 밥 한 그릇은 든든하면서도 깔끔한 맛으로 만족감을 선사합니다.

● **재료(2인분)**

쌀 1컵, 물 1컵, 시금치 150g,
소고기(다진 것) 200g, 올리브유 1작은술

● **밑간용 양념 A**

참치액 2작은술, 진간장 1작은술,
맛술 2작은술, 참기름 2작은술,
후추 약간

만드는 방법

① 솥에 30분간 미리 불린 쌀과 물을 넣고 중강불에서 5분 익힌 뒤, 약불로 줄여 10분 정도 더 익힌다.
② 소고기는 A로 밑간해 올리브유를 두른 팬에 볶는다.
③ ①에 ②를 올리고 10분간 뜸을 들인다.
④ 불을 끄고 시금치를 잘라 넣은 뒤 5분 정도 더 뜸을 들인다. 이어 주걱으로 뒤적여 담아낸다.

>> 조리 시간 30~35분

고사리 솥밥

부드럽고 고소한 고사리가 밥과 잘 어우러져 산뜻한 풍미를 선사합니다.
담백함과 고소함이 조화를 이룹니다.

● **재료(2인분)**

쌀 1컵, 멸치 다시마 육수 1컵, 고사리 250g,
당근(채 썬 것) 70g

● **밑간용 양념 A**

참기름 2큰술, 다진 마늘 1큰술,
대파(다진 것) 80g

● **간 맞춤용 양념 B**

들깻가루 2큰술, 진간장 2큰술

● **고명용 양념 C**

깨소금 2큰술, 검은깨 1큰술

만드는 방법

① 30분간 미리 쌀을 불리고, 고사리를 삶아서 3cm 길이로 잘라 놓는다.
② 고사리를 **A**로 밑간한 뒤 팬에 넣어 약불에서 살짝 덖는다.
③ 솥에 ①의 쌀, 육수, ②, **B**를 넣고 중강불에서 5분간 끓인다.
④ ③에 당근을 올리고 뚜껑을 다시 덮는다. 약불에서 10분 끓이다 주걱으로 뒤적여
불을 끄고 10분간 뜸 들인다. **C**를 뿌려 마무리한다.

>> **조리 시간 30분**

소고기 소보로 삼색 솥밥

포슬포슬하게 볶아 낸 소고기 소보로와 부드러운 스크램블이 어우러져 풍성한
맛과 화려한 색감을 자랑합니다.

● **재료(2인분)**

쌀 1컵, 멸치 다시마 육수 1컵,
소고기(다진 것) 100g, 달걀 2개,
부추(송송 썬 것) 10g, 소금 약간,
간장 2작은술, 식용유 1작은술

● **밑간용 양념 A**

진간장 2큰술, 설탕 1/2큰술,
물 1큰술, 후추 약간,
다진 마늘 1/2작은술

● **곁들임용 양념 B**

진간장 3큰술, 물 1큰술,
참기름 1큰술, 참깨 1/2작은술

만드는 방법

① 솥에 30분간 미리 불린 쌀과 육수, 간장을 넣는다. 중강불에서 5분 끓이다
약불로 줄여 10분간 익힌 뒤, 10분 정도 뜸 들인다.
② 소고기는 A로 밑간하여 기름을 두르지 않은 팬에 약불로 볶는다.
③ 다른 팬에 식용유를 두른 다음, 달걀과 소금을 넣고 약불로 스크램블을 만든다.
④ ①에 ②, ③, 부추를 올리고 B를 곁들인다.

>> 조리 시간 30~35분

콩나물 솥밥

아삭한 콩나물이 버터 형태의 고추장과 함께 어우러져 개운하고 풍부한 맛을 냅니다.
얼큰하면서도 담백해 누구나 부담 없이 즐길 수 있습니다.

● **재료(2인분)**

쌀 1컵, 물 1컵, 콩나물 100g, 느타리버섯 50g,
쪽파(송송 썬 것) 10g, 달걀 1개,
멸치액젓 1큰술

● **곁들임용 양념 A**

고추장 1큰술, 버터 30g,
다진 마늘 1작은술, 쪽파 1작은술,
꿀 1/2큰술, 파르메산 치즈 6g,
고춧가루 1작은술

만드는 방법

① 쌀은 30분간 미리 불려 놓는다.
② 곁들일 수 있는 고추장은 버터의 형태로 만들기 위해 A의 모든 재료를 섞어
유산지로 사탕 모양처럼 감싸 20분간 냉장 보관한다.
③ 솥에 불린 쌀, 느타리버섯, 콩나물, 멸치액젓을 순서대로 올려 끓인다.
④ 달걀 노른자를 넣어 약불에서 10분 익힌 뒤, 쪽파와 만들어 놓은 ②를 올려
뚜껑을 덮고 10분간 뜸을 들여 낸다.

>> **조리 시간 40~45분**

바지락 미나리 솥밥

신선한 바지락의 시원한 감칠맛과 향긋한 미나리가 만나 상큼하고 깔끔한 맛을 냅니다. 바다와 들의 향기가 어우러진 솥밥입니다.

● 재료(2인분)

쌀 1컵, 멸치 다시마 육수 1컵, 바지락 살 180g,
미나리(송송 썬 것) 30g, 들기름 1큰술

만드는 방법

① 쌀은 30분간 미리 불려 놓는다.
② 바지락 살은 미리 1시간 정도 해감한 뒤, 물기를 제거하고 들기름에 무친다.
③ 솥에 불린 쌀과 육수를 넣고 중강불에서 5분 끓인다. 이어 ②를 올리고 약불에서 10분간 더 익힌다.
④ 불을 끄고 미나리를 밥 가장자리에 올려 10분간 뜸 들여 낸다.

>> 조리 시간 30분

톳 솥밥

톡톡 튀는 톳의 식감과 고소한 맛이 밥과 어우러져 건강하고 담백한 풍미를 선사합니다. 바다 향이 가득한 영양 만점 솥밥입니다.

● 재료(2인분)

쌀 1컵, 물 1컵, 톳 150g,
무(얇게 썬 것) 40g, 생강가루 약간, 맛술 1작은술,
대파(다진 것) 5g, 통깨 1/2작은술

만드는 방법

① 쌀은 30분간 미리 불려 놓는다.
② 톳은 먹기 좋은 크기로 자르고, 맛술과 생강가루에 가볍게 무친다.
③ 솥에 불린 쌀과 물을 넣고 ②와 무를 올린 뒤 중강불에서 5분간 끓인다.
④ 약불로 줄여 10분 익히고 10분간 뜸 들인 뒤, 통깨와 대파를 뿌려 마무리한다.

>> 조리 시간 30분

어묵 멸치 솥밥

쫄깃한 어묵과 짭짤한 멸치가 만나 맛과 식감을 모두 사로잡는 든든한 솥밥입니다.
누구나 부담 없이 편하게 즐길 수 있는 맛입니다.

● **재료(2인분)**

쌀 1컵, 멸치 다시마 육수 1컵,
사각 어묵 200g, 잔멸치 50g,
쪽파(송송 썬 것) 20g, 버터 10g,
쯔유 1큰술, 식용유 1큰술,
참기름 1큰술

● **볶음용 양념 A**

진간장 1과 1/2큰술, 쯔유 1큰술,
참기름 1큰술, 올리고당 1큰술,
소고기맛 조미료 약간

만드는 방법

① 쌀은 30분간 미리 불려 놓는다.
② 사각 어묵을 채로 썰어 식용유를 두른 팬에 **A**로 간을 맞추며 볶는다. 다른 냄비로는 잔멸치를 끓는 물에 데친다.
③ 솥에 불린 쌀과 육수, 쯔유, 버터를 넣고 중강불에서 5분간 끓이다 약불로 줄인다. 솥에 ②를 올리고 다시 10분 익힌다.
④ 뚜껑을 닫고 10분 뜸을 들이다 쪽파, 참기름을 뿌리고 약간 더 뜸 들여 낸다.

>> 조리 시간 40분

마늘종 돼지고기 솥밥

향긋한 마늘종과 고소한 돼지고기가 어우러져 짭조름하면서도 고소한 맛을
자아냅니다. 다른 반찬이 필요 없는 풍성한 맛이 특징입니다.

● **재료(2인분)**

쌀 1컵, 물 1컵, 마늘종 80g, 돼지고기(다진 것)
150g, 참기름 1큰술, 쯔유 1작은술, 홍고추 10g,
식용유 1작은술

● **볶음용 양념 A**

청주 1작은술, 생강가루 약간, 간장 1/2큰술,
설탕 1과 1/2큰술, 굴소스 1/2작은술

● **마무리용 양념 B**

참기름 1/2작은술, 통깨 2작은술

① 미리 30분간 불린 쌀이 담긴 솥에 참기름과
쯔유를 넣고 볶다가 물을 부어 중강불로 5분 끓
인다. 이후 약불로 줄여 10분간 익힌다.
② 식용유를 두른 팬에 마늘종, 홍고추,
돼지고기를 A와 함께 볶는다.
③ ①에 ②를 올린 뒤, 뚜껑을 덮고 10분간
뜸 들인다.
④ B를 뿌려 섞어 낸다.

>> **조리 시간 35분**

치킨 데리야키 솥밥

데리야키 소스에 버무린 닭고기가 밥에 올려진 솥밥입니다. 간간하고 달콤한
맛이 입맛을 계속 당깁니다.

● **재료(2인분)**

쌀 1컵, 물 1컵, 닭 다리 살 300g,
참기름 1큰술, 올리브유 1큰술, 소금 약간,
후추 약간, 쪽파(송송 썬 것) 80g

● **간 맞춤용 양념 A**

진간장 2큰술, 맛술 1큰술,
설탕 2큰술, 다진 마늘 1큰술

만드는 방법

① 솥에 30분간 미리 불린 쌀과 참기름과 올리브유를 넣고 약불로 볶다가 물을 넣고 중강불에서
5분 끓인다. 이어 약불로 줄여 10분간 익힌다.
② 닭 다리 살은 소금으로 간한 뒤 껍질부터 노릇하게 굽다가 익을 즈음에 먹기 좋게 썰어 내,
속까지 완전히 익힌다.
③ 닭 다리 살이 거의 익으면 A를 넣고 약불에서 양념이 잘 배도록 졸인 뒤 후추로 간한다.
④ ①에 쪽파와 ③을 얹고 뚜껑을 덮어 10분간 뜸 들여 낸다.

>> **조리 시간 35분**

도미 솥밥

담백하고 부드러운 도미가 밥에 풍미를 더해 깊고 깔끔한 맛을 완성합니다.
바다의 신선함이 가득한 고급스러운 솥밥입니다.

● **재료(2인분)**

쌀 1컵, 다시마 가쓰오부시 육수 1컵,
도미 필렛 500g, 쪽파(송송 썬 것) 20g

● **밑간용 양념 A**

소금 약간, 후추 약간

● **간 맞춤용 양념 B**

국간장 1작은술, 진간장 1큰술,
맛술 1큰술, 참기름 1/2큰술

① 쌀은 30분간 미리 불려 놓는다.
② 도미는 **A**로 밑간하고 팬에 구워 준비한다.
③ 솥에 불린 쌀과 육수, **B**를 넣고 중강불에서
5분 끓이다 약불로 줄여 10분간 익힌다.
④ ③에 쪽파와 ②를 올리고 불을 끈 채 10분 정
도 뜸 들여 낸다.

>> **조리 시간 30분**

관자 애호박 솥밥

관자는 '바다의 버터'라고 불리며 촉촉하면서도 담백한 맛이 특징입니다. 여기에 애호박 새우젓 볶음을 더하면 입맛을 돋우는 짭짤한 맛이 일품인 솥밥을 즐길 수 있습니다.

● **재료(2인분)**

쌀 1컵, 다시마 냉침 육수 1컵, 키조개 관자(슬라이스한 것) 100g, 애호박 80g, 버터 30g, 새우젓(다진 것) 1/2작은술, 다진 마늘 1작은술, 포도씨유 1작은술

만드는 방법

① 쌀은 30분간 미리 불려 놓는다.
② 애호박은 도톰하게 채 썰어 다진 마늘과 새우젓을 넣어 포도씨유에 볶는다.
③ 버터를 두른 팬에 키조개 관자를 살짝 구워 준비한다.
④ 솥에 불린 쌀과 육수, ②, ③을 넣고 중강불에서 5분 끓이다 약불에서 10분 익힌 뒤 10분간 뜸을 들여 낸다.

>> **조리 시간 30~35분**

가자미 솥밥

겉은 바삭하고 촉촉한 가자미가 밥에 은은한 바다 향을 더해 깔끔한 맛을 완성합니다. 기름기 없이 담백하게 즐길 수 있어 부담 없이 먹기 좋은 솥밥입니다.

● **재료(2인분)**

쌀 1컵, 물 1컵, 가자미 필렛 100g, 부추(송송 썬 것) 10g, 다진 마늘 1큰술, 참기름 1큰술, 소금 약간

만드는 방법

① 솥에 참기름을 두르고 약불에서 마늘을 볶아 향을 낸 뒤, 30분간 미리 불린 쌀을 넣어 1~2분간 더 볶는다.
② ①에 물을 붓고 중강불에서 5분간 끓인다.
③ 가자미는 소금으로 밑간을 하여 구워 둔다.
④ ②에 부추와 ③을 얹고 약불에서 10분 끓이다 불을 꺼 10분간 뜸 들여 낸다.

>> **조리 시간 35분**

참치 양파 솥밥

참치와 양파가 만나 감칠맛과 달큰한 풍미가 돋보이는 솥밥입니다. 간편한 식사로
제격이며, 별도의 양념 없이도 재료 본연의 감칠맛을 즐길 수 있습니다.

● **재료(2인분)**

쌀 1컵, 채소 육수 1컵, 캔 참치 80g,
양파 70g, 참치액 1작은술, 쯔유 1/2큰술,
대파(송송 썬 것) 30g, 쪽파(송송 썬 것) 5g,
참기름 1작은술

● **무침용 양념 A**

쯔유 1큰술, 참기름 2작은술,
통깨 1작은술

만드는 방법

① 쌀은 30분간 미리 불려 놓는다.

② 양파는 채 썰고, 참치는 기름을 제거 후
A를 넣어 무친다.

③ 솥에 불린 쌀과 채소 육수, 쯔유, 참치액을
넣고 중강불에서 5분 끓인다. 이어 ②를 올리고
약불로 줄여 10분간 더 끓인다.

④ 대파와 쪽파를 밥 가장자리에 올려 10분간
뜸 들인 뒤, 참기름을 둘러 마무리한다.

>> 조리 시간 30분

베이컨 양배추 솥밥

짭짤한 베이컨과 은은한 단맛의 양배추가 어우러져 자꾸만 손이 가는 솥밥입니다. 익숙한 재료 조합이지만 함께 볶아 내면 더 깊고 풍성한 맛을 느낄 수 있습니다.

● **재료(2인분)**

쌀 1컵, 물 1컵, 베이컨 60g, 양배추 30g, 표고버섯 30g, 고구마 130g, 아스파라거스 20g, 식용유 1작은술, 진간장 1큰술

만드는 방법

① 쌀은 30분간 미리 불려 놓는다.
② 베이컨과 아스파라거스를 먹기 좋은 크기로 썬 다음 식용유를 두른 팬에 넣고 볶는다.
③ 솥에 물, 간장, 불린 쌀을 넣고 표고버섯과 고구마도 적당한 크기로 썰어 넣어 뚜껑을 덮는다. 중강불에서 5분 끓이다 약불로 줄여 10분간 익힌다.
④ 불을 끄고 채 썬 양배추와 ②를 밥 위에 올려 10분간 뜸 들여 낸다.

>> **조리 시간 25~30분**

소라장 솥밥

쫄깃하고 짭조름한 소라장과 밥이 어우러져 바다의 깊은 감칠맛을 선사합니다. 간간한 맛이 입맛을 돋우는 한 그릇입니다.

● **재료(2인분)**

쌀 1컵, 물 1컵, 소라장 120g, 소라장 국물 2큰술, 참기름 1/2큰술, 쪽파(송송 썬 것) 50g

만드는 방법

① 쌀은 30분간 미리 불려 놓는다.
② 불린 쌀과 참기름, 소라장 국물을 솥에 넣어 볶는다.
③ 솥에 물을 붓고 중강불에서 5분 끓이다 약불로 10분간 익힌다.
④ 불을 끄고 소라장과 쪽파를 올린 뒤 10분간 뜸 들여 낸다.

>> **조리 시간 30분**

한여름 무더위에 활력을 더해
입맛을 돋우는 솥밥

한여름 무더위에 입맛은 떨어지고, 몸도 쉽게 지치기
마련입니다. 이럴 땐 입맛을 살려 주면서도 속을 든든
하게 채워 줄 한 그릇이 필요합니다. 시원한 해산물과
아삭한 채소에 산뜻한 간장 소스를 더하면, 더운 날에도
숟가락이 멈추지 않는 여름 한 그릇이 완성됩니다.
지친 하루를 달래 줄, 이 계절에 딱 어울리는 원기 회복
솥밥을 만나 보세요.

단호박 감자 솥밥

달콤한 단호박과 포슬포슬한 감자가 만나 맛도 좋고
속도 편한 솥밥을 완성합니다. 제철 재료로 영양까지
완벽하게 챙겨 보세요.

● **재료(2인분)**

쌀 1컵, 다시마 육수 1컵, 단호박 100g,
감자 120g, 쯔유 1큰술, 쪽파(송송 썬 것) 10g,

● **곁들임용 양념 A**

진간장 1큰술, 참기름 1작은술,
다진 마늘 1/2작은술, 설탕 1/2작은술,
깨소금 1/2작은술, 고춧가루 1/2작은술

① 쌀은 30분간 미리 불려 놓는다.
② 단호박과 감자를 한 입 크기로 썰어 불린 쌀과
육수, 쯔유와 함께 솥에 넣는다.
③ 중강불에서 5분 끓이다 약불로 줄여 10분 정도
익힌 뒤, 쪽파를 뿌린다.
④ 불을 끄고 10분간 뜸 들이는 동안 A를 만들어
곁들인다.

>> 조리 시간 30분

소고기 콩나물 솥밥

든든하면서도 산뜻한 풍미가 돋보이는 소고기 콩나물 솥밥입니다. 담백한
소고기와 아삭한 콩나물이 조화를 이루어 깔끔하고 고소한 맛을 선사합니다.

● **재료(2인분)**

쌀 1컵, 다시마 육수 1컵, 소고기(다진 것) 200g,
콩나물 100g, 부추(송송 썬 것) 20g, 설탕 1/2작은술

● **곁들임용 양념 A**

진간장 1큰술, 설탕 1/2작은술, 후추 약간,
참기름 1작은술

만드는 방법

① 솥에 30분간 미리 불린 쌀과 육수를 넣고 중강불에서 5분, 약불에서 10분간 밥을 짓는다.
② 밥을 짓는 동안 팬에 소고기와 설탕을 넣고 소고기의 핏기가 없어질 때까지 볶는다.
③ ①이 거의 익으면 콩나물을 씻어 솥밥 위에 올리고 10분간 뜸 들인다.
④ 불을 끄고 ②를 올려 소고기와 콩나물이 잘 섞이도록 뒤적인다. 부추를 올린 뒤, A를
만들어 곁들인다.

>> **조리 시간 35~40분**

대패삼겹살 김치 솥밥

얇게 썬 대패삼겹살과 매콤한 김치가 어우러져 익숙하면서도 정겨운 맛을 내는
솥밥입니다. 삼겹살, 김치를 밥과 쓱쓱 잘 섞어 든든한 한 끼를 완성해 보세요.

● 재료(2인분)

쌀 1컵, 다시마 육수 1컵,
대패삼겹살 250g, 김치 300g,
통마늘 12g, 들기름 1큰술, 식용유 1큰술,

● 볶음용 양념 A

맛술 1큰술, 후추 약간,
설탕 1작은술, 참치액 1큰술,
진간장 1큰술, 고춧가루 1큰술

만드는 방법

① 쌀은 30분간 미리 불려 놓는다.
② 김치는 큼직하게 썰고, 마늘은 편으로 썬다.
③ 솥에 들기름과 식용유를 두르고 대패삼겹살을
②, A와 함께 넣고 볶다가 육수를 붓는다.
④ 불린 쌀을 ③에 넣고 중강불에서 5분 끓이다
약불에서 10분 익힌 뒤 불을 끄고 10분간 뜸을
들여 낸다.

>> 조리 시간 30~35분

스팸 솥밥

한국인에게 친숙한 스팸은 간편하게 조리하기 좋아 바쁜 일상 속에 자주 찾게 되는 재료입니다. 특히 짭짤하면서도 부드러운 식감으로 아이들에게 인기가 많습니다.

● **재료(2인분)**

쌀 1컵, 물 1컵, 스팸 100g, 양파 50g,
식용유 2작은술, 쪽파(송송 썬 것) 5g

● **볶음용 양념 A**

진간장 2큰술, 설탕 1큰술,
다진 마늘 1/2큰술

● **선택 재료 B**

통깨, 청양고추, 홍고추

만드는 방법

① 쌀을 30분간 불리는 사이 스팸은 큐브 모양으로, 양파는 채로 썰어 준비해 둔다.

② 솥에 식용유를 두르고 ①의 스팸과 양파를 볶다가 노릇해지면 A를 넣어 양념을 입힌 다음 그릇에 덜어 둔다.

③ ②의 솥에 물과 ①의 쌀을 넣어 중강불에서 5분 끓이다 약불로 줄여 10분간 익힌다.

④ ③에 쪽파와 ②를 올리고 10분간 뜸 들인 뒤, 기호에 따라 B를 얹어 낸다.

>> **조리 시간 35분**

삼계 솥밥

영양 가득한 닭고기와 찹쌀이 만나 고소하고 담백한 맛을 냅니다.
여름철 보양식으로 으뜸입니다.

● **재료(2인분)**

쌀 1/2컵, 찹쌀 1/2컵, 물 1컵,
닭 다리 살(먹기 좋게 썬 것) 200g, 통마늘 12g,
은행 15g, 인삼 20g, 대추 30g, 올리브유 1큰술

● **밑간용 양념 A**

소금 약간, 후추 약간

만드는 방법

① 쌀과 찹쌀은 30분간 미리 불려 놓는다. 솥에
올리브유를 두르고 달군다.
② 달군 솥에 닭 다리 살을 넣고 A로 밑간하여
앞뒤로 노릇하게 구워 따로 둔다.
③ 같은 솥에 마늘을 볶다가 불린 쌀과 찹쌀을
넣고 더 볶는다.
④ ③에 은행, 인삼, 대추, ②를 올리고 물을 붓는
다. 중강불에서 5분 끓이다 약불로 줄여 10분
익힌 뒤 불을 끄고 10분간 뜸을 들여 낸다.

>> 조리 시간 35~40분

"

버터 오징어 솥밥

쫄깃한 오징어와 고소한 버터 향이 만나 감칠맛 가득한 솥밥입니다.
바다의 신선함을 느낄 수 있어 여름철 더위를 잊게 해주는 별미입니다.

● **재료(2인분)**

쌀 1컵, 물 1컵, 버터 30g, 오징어 한 마리,
쪽파(송송 썬 것) 30g, 통깨 1큰술

● **곁들임용 양념 A**

양조간장 3큰술, 올리고당 1큰술,
참기름 1과 1/2큰술, 다진 마늘 1큰술

만드는 방법

① 쌀은 30분간 미리 불려 놓는다.
② 오징어는 내장을 먼저 제거한다. 몸통은 통으로 칼집을 살짝 낸 뒤, 다리는 송송 썰어 준비한다.
③ 솥에 버터를 녹여 ②의 다리를 중불에 볶는다. 불린 쌀을 넣어 2분 더 볶은 뒤 물을 부어
중강불에서 5분간 끓인다.
④ 솥에 ②의 몸통을 올리고 뚜껑을 덮어 약불에서 10분간 끓인다. 이어 불을 끄고 10분간 뜸을 들이다
쪽파와 통깨를 올리고, A를 만들어 곁들인다.

>> 조리 시간 35분~40분

장어 솥밥

진하게 양념한 장어가 밥 위에 올려져 깊고 고급스러운 맛을 냅니다.
여름철 보양 음식으로도 사랑받는 솥밥입니다.

● **재료(2인분)**

쌀 1컵, 물 1컵, 장어(손질된 것) 250g,
쯔유 1작은술, 생강 15g, 쪽파 15g,
식용유 1큰술

● **구이용 양념 A**

간장 3큰술, 맛술 1과 1/2큰술, 설탕 1큰술,
올리고당 1큰술, 다진 마늘 1작은술, 생강(다진
것) 1/2작은술, 참기름 1작은술, 후추 약간

● **선택 재료 B**

와사비, 간장

① 솥에 30분간 미리 불린 쌀과 물, 쯔유를
넣고 중강불에서 5분 끓이다 약불로 줄여
10분간 익힌다.
② 팬에 기름을 두르고 장어를 껍질 부분부터
앞뒤로 A를 발라 구워 낸다. 두 번 정도 구운 장
어는 한 입 크기로 잘라 둔다.
③ 생강은 채 썰어 찬물에 담가 매운 기를 빼고,
쪽파는 송송 썬다.
④ ①에 ②와 ③을 올려 10분간 뜸을 들인다.
A를 기호에 따라 곁들인다.

>> **조리 시간 45~50분**

닭고기 토마토 솥밥

닭고기와 토마토가 만나 담백하면서 상큼한 맛을 냅니다.
토마토의 산미가 입맛을 돋워 한 끼로도 든든한 솥밥입니다.

● **재료(2인분)**

쌀 1컵, 닭 육수 1컵, 닭 다리 살 200g,
방울토마토 120g, 우유 1컵, 브로콜리 100g,
양파 60g, 토마토 소스 3큰술, 올리브유 1큰술,
버터 5g, 다진 마늘 1작은술, 쯔유 2작은술

● **밑간용 양념 A**

맛술 1큰술, 진간장 1큰술,
소금 약간, 후추 약간

만드는 방법

① 쌀은 30분간 미리 불려 놓고 양파, 브로콜리, 방울토마토는 먹기 좋게 손질해 놓는다.
② 닭 다리 살은 우유에 담가 잡내를 제거한 뒤 A로 밑간해 올리브유를 두른 솥에 구워 꺼낸다.
③ ②의 솥에 마늘과 ①을 볶다가 육수, 쯔유, 버터, 토마토 소스를 넣고 중강불에서 5분간 끓인다.
④ ③에 ②를 올리고 약불로 10분 끓이다 10분간 뜸을 들여 낸다.

>> 조리 시간 35~40분

해물 파에야 솥밥

신선한 해산물과 채소, 진한 닭 육수가 어우러진 스페인풍 솥밥입니다.
바다의 향긋함이 입안을 가득 채워 줍니다.

● **재료(2인분)**

쌀 1컵, 닭 육수 1컵, 새우 100g, 오징어(몸통을 자른 것) 120g,
양파(다진 것) 70g, 마늘(편 썬 것) 16g, 홀토마토 400g,
올리브유 3큰술, 소금 1/2작은술, 페페론치노 약간

● **고명용 재료 A**

바질 잎 6장, 후추 약간

만드는 방법

① 쌀은 30분간 미리 불려 놓는다. 새우는 껍질과 내장을 제거하고 칼집을 내 깨끗하게 손질한다.
② 올리브유를 두른 팬에 마늘과 양파, 페페론치노를 볶다가 오징어를 추가해 볶는다.
③ 홀토마토를 자르고 불린 쌀, 육수, 소금과 함께 솥에 넣어 중강불에서 5분 끓인다.
이어 ①의 새우와 ②를 올린 뒤, 뚜껑을 닫고 약불로 줄여 10분간 익힌다.
④ 불을 끄고 10분간 뜸을 들인다. 마무리로 A를 올려 낸다.

>> 조리 시간 35~40분

갈빗살 대파 솥밥

육즙이 살아 있는 갈빗살과 향긋한 대파가 어우러져 진한 감칠맛을 냅니다.
든든한 한 끼로 제격입니다.

● 재료(2인분)
쌀 1컵, 멸치 육수 1컵, 갈빗살 200~250g,
대파(채 썬 것) 20g, 버터 20g,
다진 마늘 1작은술

● 볶음용 양념 A
진간장 2작은술, 맛술 2작은술,
설탕 1과 1/2작은술

● 간 맞춤용 양념 B
소금 약간, 후추 약간

● 선택 재료 C
버터

① 쌀은 30분간 미리 불려 놓는다.
② 버터를 두른 솥에 갈빗살을 익히다 약불로
줄이고 A와 마늘을 넣고 볶은 뒤, 익힌 고기는
따로 덜어 둔다.
③ 솥에 쌀을 넣고 볶은 후 육수를 부어,
중강불에서 5분, 약불에서 10분간 익힌다.
④ B를 넣어 간을 맞추고 ②를 올린 뒤, 대파를
가장자리에 가미한다. 뚜껑을 덮어 10분간 뜸
들여 낸다. 기호에 따라 C를 올려 먹는다.

>> 조리 시간 30~35분

가지 솥밥

촉촉한 가지가 입안에서 살살 녹으며 은은한 단맛과 고소한 맛을 함께 전해 줍니다.
부드러운 식감이 밥과 어우러져 담백하면서도 풍미 가득한 맛을 완성해 입맛을
자연스럽게 돋웁니다.

● **재료(2인분)**

쌀 1컵, 다시마 육수 1컵, 가지 150g,
표고버섯 90g, 쪽파 15g, 들기름 1/2큰술

● **밑간용 양념 A**

소금 약간, 들기름 1큰술

● **곁들임용 양념 B**

쪽파(송송 썬 것) 15g, 다진 마늘 1/2작은술,
청양고추(송송 썬 것) 10g, 진간장 1큰술,
고춧가루 1작은술, 매실청 1작은술,
참기름 1작은술, 통깨 약간

만드는 방법

① 쌀은 30분간 미리 불려 놓는다.
② 가지는 **A**로 밑간하여 볶아 둔다.
③ 솥에 불린 쌀과 ②, 들기름과 육수를 넣고 중강불에서 5분간 끓인다.
④ 표고버섯을 썰어 올리고, 약불로 줄여 10분 익히다 불을 끄고 쪽파를 솔솔 뿌리듯
얹는다. 그 상태로 10분간 뜸 들이며 **B**를 만들어 곁들인다.

>> **조리 시간 30분**

꽈리고추 솥밥

짭조름한 김과 풋풋한 꽈리고추가 만나 식감과 맛 모두 놓치지 않는 솥밥입니다.
아삭한 식감과 매콤한 뒷맛의 꽈리고추가 핵심입니다.

● **재료(2인분)**

쌀 1컵, 멸치 다시마 육수 1컵, 꽈리고추 25g,
느타리버섯 50g, 맛술 1큰술, 쯔유 1작은술,
참기름 1/2작은술, 곱창김 3장

● **볶음용 양념 A**

진간장 1큰술,
매실액 1작은술,
후추 약간

● **선택 양념 B**

참기름, 통깨

① 쌀은 30분간 미리 불려 놓는다. 느타리버섯과
꽈리고추는 먹기 좋게 손질한다.
② 팬에 참기름과 맛술을 두르고 ①의
느타리버섯, 꽈리고추를 A와 함께 볶는다.
③ 솥에 ①의 쌀과 육수를 넣고 쯔유로 간한 뒤
중강불로 5분 끓인다. 곱창김을 잘게 잘라
올리고 약불로 줄여 10분간 익힌다.
④ ③에 ②를 올려 10분간 뜸 들인 뒤, 기호에
따라 B를 뿌려 마무리한다.

>> 조리 시간 35~40분

닭고기 율무 솥밥

닭고기와 고소한 율무가 만나 담백하면서도 깊은 맛을 내는 건강한 한 끼입니다.
씹을수록 고소한 율무의 식감이 오래도록 여운을 남깁니다.

● **재료(2인분)**

쌀 1컵, 율무 1/2컵, 다시마 육수 1과 1/2컵,
닭 가슴살 혹은 닭 다리 살 200g, 표고버섯 30g,
당근 40g, 쪽파(송송 썬 것) 7~8g

● **밑간용 양념 A**

소금 약간, 후추 약간

만드는 방법

① 율무는 3시간, 쌀은 30분간 미리 불려 놓는다.
② 닭고기는 A로 밑간하고, 표고버섯과 당근은 얇게 채 썰어 놓는다.
③ 솥에 ①과 ②, 육수를 넣는다.
④ 중강불에서 5분 끓이다 약불로 줄여 10분 익힌 뒤, 쪽파를 넣고 10분간 뜸 들여 낸다.

>> 조리 시간 30분

민어 솥밥

부드럽고 담백한 민어가 밥과 잘 어우러져 은은하고 깔끔한 맛을 완성합니다.
고급스러운 맛으로 입안을 즐겁게 하는 솥밥입니다.

● **재료(2인분)**

쌀 1컵, 다시마 육수 1컵,
민어(반 건조하여 손질한 것) 120g,
대파(송송 썬 것) 20g,
양송이버섯(편 썬 것) 80g,
들기름 2작은술

● **구이용 양념 A**

소금 약간, 간장 1과 1/2큰술,
참기름 2작은술

● **곁들임용 양념 B**

양조간장 1과 1/2큰술,
식초 2작은술, 참기름 2작은술,
고춧가루 1/2작은술

만드는 방법

① 쌀은 30분간 미리 불려 놓는다.

② 민어는 해동한 뒤 A를 발라 200도 오븐에서 15분간 굽는다.

③ 들기름을 두른 솥에 불린 쌀을 볶다가 육수를 넣어 중강불에서 5분간 끓인다.

④ 약불로 줄여 대파, 버섯, ②를 올리고 10분간 익힌 다음, 불을 줄여 10분 더 뜸을
들인다. 그동안 B를 만들어 곁들인다.

>> 조리 시간 40~45분

초당옥수수 솥밥

초당옥수수가 밥에 골고루 스며들어 담백하면서도 달콤한 맛을 완성합니다.
자극적이지 않은 단맛과 톡톡 씹히는 초당옥수수의 식감 덕분에 아이들도 먹기
좋은 솥밥입니다.

● **재료(2인분)**

쌀 1컵, 다시마 육수 1컵, 초당옥수수 400g,
쯔유 1/2큰술, 소금 약간, 버터 30g

● **볶음용 양념 A**

진간장 1큰술, 매실액 1작은술,
후추 약간

만드는 방법

① 쌀은 30분간 미리 불려 놓는다.
② 옥수수는 알갱이와 심지를 분리하여 놓는다.
③ 솥에 불린 쌀과 ②, 육수, 쯔유, 소금을 넣고 중강불에서 5분간 끓인다.
④ 뚜껑을 덮고 약불에서 10분 정도 익히다 불을 끄고 10분간 뜸 들인다. 버터를 올려 녹여 낸다.

>> 조리 시간 30~35분

토마토 소시지 올리브 솥밥

상큼한 토마토, 짭조름한 올리브, 탱글한 소시지가 어우러져 다채로운 풍미를 선사합니다. 재료의 신선함과 다양한 식감으로 여름의 맛을 완성합니다.

● **재료(2인분)**

쌀 1컵, 물 1컵, 토마토 150g,
양파(채 썬 것) 100g, 올리브(염장한 것) 40g,
비엔나소시지 100g, 올리브유 2작은술

만드는 방법

① 쌀은 30분간 미리 불려 놓는다.
② 올리브유를 두른 팬에 양파를 볶는다.
③ 솥에 불린 쌀과 물을 넣고 중강불에서 5분 끓이다 약불로 줄여 10분간 더 끓인다.
④ 소시지를 데친 뒤 ②, 먹기 좋게 썬 토마토, 올리브와 함께 ③에 올려 10분간 뜸 들여 낸다.

>> 조리 시간 30분

새우 솥밥

탱글한 새우가 고소하고 담백한 맛을 더해 밥의 풍미가 더욱 짙어집니다. 바다 향 가득한 풍성한 맛을 느낄 수 있습니다.

● **재료(2인분)**

쌀 1컵, 물 1컵, 새우 150g, 버터 20g,
다진 마늘 1/2큰술, 참치액 1작은술

만드는 방법

① 쌀은 30분간 미리 불려 놓는다.
② 새우를 손질해 통새우와 새우 살로 나눈 뒤, 솥에 버터를 두르고 마늘과 함께 통새우를 넣어 노릇하게 구워 따로 둔다.
③ 같은 솥에 새우 살을 넣고 볶다가 반쯤 익으면 불린 쌀, 참치액, 물을 넣고 중강불에 더 볶는다.
④ ③이 끓으면 약불로 줄여 10분 더 끓이고, 10분간 뜸 들인 뒤 ②의 통새우를 올려 마무리한다.

>> 조리 시간 30~35분

풍성한 수확의 기쁨을 담아
든든하게 채우는 솥밥

가을은 밥상이 가장 풍성해지는 계절입니다. 들판과
산, 바다에서 제철을 맞은 다양한 재료들이 솥 안으로
모여들죠. 탱글한 버섯, 부드러운 고기, 살이 오른
생선까지…. 솥에 담기면 가을의 깊은 풍미가 입안
가득 퍼지고, 절로 입맛이 돕니다. 몸과 마음을
살 찌우는 가을 솥밥으로 계절의 풍요로움을
제대로 느껴 보세요.

고구마 솥밥

달콤한 고구마가 밥에 스며들어 포근하고 든든한
한 그릇이 됩니다. 부드럽고 고소한 맛으로 남녀노소
부담없이 즐길 수 있는 솥밥입니다.

● **재료(2인분)**

쌀 1컵, 물 1컵, 고구마 150g, 은행 20g

● **곁들임용 양념 A**

양조간장 2작은술, 고춧가루 1작은술,
매실청 1/2작은술, 대파(송송 썬 것) 2g,
다진 마늘 1/2작은술, 참기름 1/2작은술,
통깨 약간, 홍고추(송송 썬 것) 10g

① 쌀은 30분간 미리 불려 놓는다.
② 고구마는 깍둑 썰고 은행을 껍질을 벗겨
준비한다.
③ 솥에 물과 불린 쌀을 넣고 그 위에 ②를 올린다.
④ 뚜껑을 덮고 중강불에서 5분 끓이다 약불로
줄여 10분 익힌다. 이어 10분간 뜸 들이는 동안
A를 만들어 곁들인다.

>> 조리 시간 30분

차돌박이 숙주 솥밥

부드럽고 고소한 차돌박이는 아삭한 숙주와 만나면서 식감과 풍미가 살아납니다.
진한 양념이 더해지면 감칠맛이 한층 깊어져, 한 숟갈마다 입안 가득 행복이 번집니다.

● **재료(2인분)**

쌀 1컵, 물 1컵, 차돌박이 100g, 숙주 50g,
팽이버섯 50g, 버터 20g, 쯔유 1/2큰술

● **곁들임용 양념 A**

진간장 1/2큰술, 설탕 1/2작은술,
다진 마늘 1작은술, 고춧가루 약간,
참기름 1/2작은술, 통깨 약간

만드는 방법

① 솥에 미리 30분간 불린 쌀을 물, 쯔유, 버터와 함께 넣는다.
② 뚜껑을 닫고 중강불에서 5분 끓인 뒤 약불로 줄여 10분간 더 끓인다.
③ 뜸을 들이는 동안 팬에 차돌박이를 굽고, 숙주와 팽이버섯을 살짝 볶는다.
④ ②에 ③을 얹고 다시 뚜껑을 덮어 10분간 더 뜸 들인 뒤, A를 만들어 곁들인다.

>> **조리 시간 30~35분**

우삼겹 참송이버섯 솥밥

진한 불고기 양념에 재운 우삼겹과 향긋한 참송이버섯이 어우러져 깊고 고소한 맛을 냅니다. 풍성한 식감으로 든든한 한 끼에 제격입니다.

● **재료(2인분)**

쌀 1컵, 채소 육수 1컵,
우삼겹 150g, 참송이버섯 90g,
참기름 1큰술, 쯔유 1작은술,
쪽파(송송 썬 것) 30g, 달걀 노른자 1개

● **밑간용 양념 A**

맛간장 1작은술, 맛술 1/2작은술,
설탕 1/2작은술, 다진 마늘 1/2작은술,
참기름 1/2큰술

만드는 방법

① 쌀은 30분간 미리 불려 놓는다.

② 우삼겹은 A로 양념해 15~20분간 재운다. 참송이버섯은 손으로 찢어 놓는다.

③ 팬에 ②를 각각 볶아 둔다.

④ 솥에 불린 쌀과 참기름, 쯔유를 넣고 볶다가 육수를 붓고 5분간 끓인다. 이어 ③을 올리고 뚜껑을 덮어 약불에서 10분 끓이고 10분간 뜸 들인다. 달걀 노른자와 쪽파를 올려 마무리한다.

>> **조리 시간 45~50분**

낙지 솥밥

탱글한 낙지를 부드럽게 데치고 고소한 들기름을 더해 향과 감칠맛을 강조한 솥밥입니다. 쫄깃한 식감과 은은한 풍미가 밥과 잘 어울립니다.

● 재료(2인분)

쌀 1컵, 다시마 육수 2/3컵, 낙지 150g, 시금치 25g,
들기름 1큰술, 진간장 1/2작은술, 다진 마늘 1/2큰술

만드는 방법

① 쌀은 30분간 미리 불려 놓는다.
② 시금치는 들기름과 마늘을 넣어 볶는다.
③ 낙지는 먹기 좋게 잘라 데치고, 데친 물은 따로 두었다가
솥에 들기름을 두르고 불린 쌀을 간장과 함께 볶을 때 육수와
함께 붓는다.
④ 중강불에서 5분 끓이다 약불로 줄여 10분 익히고, ②와 ③을
넣어 10분간 뜸 들여 낸다.

>> 조리 시간 35~40분

문어 표고버섯 솥밥

쫄깃한 문어가 고소한 밥과 만나 담백하면서도 깊은 풍미를 냅니다. 바다의 신선함은 물론 든든함까지 느낄 수 있는 솥밥입니다.

● 재료(2인분)

쌀 1컵, 물 1컵, 문어 다리(자숙한 것) 180g, 표고버섯 60g,
들기름 1큰술, 간장 1작은술, 다진 마늘 1작은술,
굴소스 1/2작은술, 쪽파(다진 것) 1작은술, 달걀 1개,
식용유 1작은술, 소금 약간, 달걀 노른자 1개

만드는 방법

① 쌀은 30분간 미리 불려 놓는다.
② 냄비에 들기름과 식용유를 두르고 문어 다리와 표고버섯을
한 입 크기로 썰어 볶는다. 이어 불린 쌀과 들기름을 넣어 쌀알이
코팅되게 익혀 따로 둔다.
③ 솥에 볶은 쌀과 물, 간장, 소금, 굴소스를 넣은 뒤, 중강불에서
5분 끓이다 뚜껑을 덮고 약불로 10분간 익힌다.
④ ③에 쪽파, ②를 올려 뚜껑을 덮고 10분간 뜸 들인다. 달걀 지단
을 부친 뒤 채 썰어 고명으로 올려 낸다.

>> 조리 시간 30분

고등어 귀리 솥밥

짭조름한 고등어와 고소한 귀리가 어우러져 진하고 담백한 풍미를 느낄 수 있는
솥밥입니다. 살이 오른 고등어와 씹을수록 구수한 귀리의 맛으로 가을 식탁을
완성해 보세요.

● 재료(2인분)

쌀 1컵, 귀리 3/5컵, 멸치 다시마 육수 1과 3/5컵,
고등어 필렛 200g, 쪽파(송송 썬 것) 20g

● 볶음용 양념 A

참기름 1큰술, 진간장 1큰술,
참치액 1큰술

● 곁들임용 양념 B

진간장 1큰술, 참치액 1/2큰술,
레몬즙 1/2작은술

만드는 방법

① 쌀과 귀리는 미리 30분간 불려 놓는다.
② 솥에 ①과 A를 넣고 중강불에서 5분간 볶은 뒤, 육수를 붓고 뚜껑을 덮어 다시 약불에서 10분간
끓인다.
③ 불을 끄고 10분간 뜸 들이는 동안 고등어를 굽는다.
④ ②에 쪽파와 구운 고등어를 올려 낸다. 기호에 따라 B를 만들어 곁들인다.

>> 조리 시간 35분

전어 솥밥

고소한 전어가 밥과 만나 감칠맛을 완성합니다. 가을 제철의 신선한 풍미가 깊게
배어 있어 계절의 맛을 제대로 느낄 수 있습니다.

● **재료(2인분)**

쌀 1컵, 물 1컵, 전어(손질한 것) 200g,
표고버섯(편 썬 것) 50g, 단호박(편 썬 것) 80g,
쪽파(송송 썬 것) 10g, 참기름 1작은술

● **밑간용 양념 A**

소금 약간, 후추 약간,
간장 1큰술, 다진 마늘 1/2작은술,
맛술 1작은술

만드는 방법

① 쌀은 미리 30분간 불리고 전어는 **A**로 밑간해 10분간 재워 둔다.

② 솥에 ①의 쌀과 물, 참기름을 넣어 끓인다. 이어 표고버섯과 단호박을 그 위에 올린다.

③ ②가 끓어오르면 ①의 전어를 올리고 뚜껑을 닫아 약불에서 10분간 익힌다.

④ 불을 끄고 10분간 뜸을 들인 후, 쪽파를 넣어 마무리한다.

>> **조리 시간 30분**

연어 스테이크 솥밥

두툼한 연어 스테이크가 밥 위에 올려져 보는 것만으로도 든든함을 느낄 수 있는 솥밥입니다. 겉은 바삭하고 속은 촉촉한 연어가 밥과 어우러져 진한 향과 여운을 선사합니다.

● 재료(2인분)

쌀 1컵, 다시마 육수 1컵, 연어(스테이크용으로 손질한 것) 200g, 대파(송송 썬 것) 15g

● 밑간용 양념 A

소금 약간, 후추 약간

● 곁들임용 양념 B

쯔유 3큰술, 생강 진액 1큰술, 진간장 1큰술

① 쌀은 30분간 미리 불려 놓는다.

② 연어는 A로 밑간해 굽는다.

③ 솥에 불린 쌀과 육수를 넣고 중강불에서 5분간 끓인다. 이어 ②를 올려 뚜껑을 덮고 약불에서 10분간 익힌다.

④ 대파를 ③의 밥 가장자리에 뿌리고 10분간 뜸을 들인 뒤, B를 만들어 곁들인다.

>> 조리 시간 30분

옥수수 게맛살 솥밥

달콤한 옥수수와 짭조름한 게맛살이 어우러져 고소하면서도 산뜻한 맛을 선사합니다. 부드럽게 풀어지는 게맛살과 톡톡 터지는 옥수수 알갱이의 다채로운 식감을 즐겨 보세요.

● **재료(2인분)**

쌀 1컵, 물 1컵, 옥수수(삶은 것) 100g,
게맛살 100g, 아스파라거스(어슷 썬 것) 45g,
올리브유 1큰술, 쯔유 2큰술, 버터 7g

● **밑간용 양념 A**

쯔유 1큰술, 맛술 1/2큰술

● **볶음용 양념 B**

소금 약간, 후추 약간

만드는 방법

① 쌀은 미리 30분간 불리고 옥수수는 알만 발라 놓는다. 게맛살은 물기 제거 후 A로 밑간한다.
② 솥에 올리브유를 두르고 아스파라거스와 B를 넣어 노릇하게 볶아 따로 둔다.
③ 같은 솥에 버터를 녹여 ①의 쌀과 쯔유, 물을 부어 중강불에서 5분간 끓인다.
④ 끓으면 약불로 줄이고 ①의 옥수수, 게맛살과 ②를 넣어 뚜껑을 닫고 10분 익힌 뒤,
10분간 뜸 들여 낸다.

>> 조리 시간 35~40분

밤 솥밥

고소한 밤의 은은한 단맛이 밥과 어우러져 풍성한 맛을 냅니다.
부드러운 식감과 가을의 향으로 식사 내내 만족감을 선사합니다.

● **재료(2인분)**

쌀 1컵, 물 1컵, 밤 100g, 무 30g, 당근 30g, 소금 1/2작은술

● **곁들임용 양념 A**

진간장 1/2큰술, 물 1/2큰술, 참기름 1/2큰술, 쪽파(송송 썬 것) 5g,
홍고추(송송 썬 것) 5g, 고춧가루 약간, 통깨 1작은술

만드는 방법

① 쌀은 30분간 미리 불려 놓는다.
② 무와 당근은 적당한 크기로 썰고 밤은 껍질을 까 놓는다.
③ 솥에 불린 쌀과 ②를 담는다. 이때 깐 밤은 쌀에 반쯤 잠기도록 얹는다.
솥에 물을 부은 뒤 소금으로 간한다.
④ 뚜껑을 덮고 중강불에서 5분 끓이다 약불로 줄여 15분 더 익힌다. 이어 10분간
뜸 들이며 A를 만들어 곁들인다.

>> 조리 시간 45분

문어 솥밥

쫄깃한 문어가 바삭한 김과 만나 다채로운 식감을
자랑하는 솥밥입니다. 고소한 밥에 바다의 감칠맛을
더해 특별한 한 끼를 완성합니다.

● **재료(2인분)**

쌀 1컵, 다시마 육수 1컵, 문어 다리(자숙한 것) 180g,
당근 25g, 쪽파(송송 썬 것) 15g, 곱창김(잘게 부순 것) 3장,
참기름 1/2작은술, 맛술 1/2작은술, 쯔유 1작은술

만드는 방법

① 쌀은 30분간 미리 불려 놓는다. 문어 다리는 한 입 크기로 썰고
당근은 다져 놓는다.
② 참기름과 맛술을 두른 솥에 ①을 넣어 볶고, 문어 다리는
따로 덜어 둔다.
③ 볶은 쌀만 남은 솥에 다시마 육수, 쯔유, 곱창김을 넣고
중강불에서 5분간 끓인다.
④ ②의 문어 다리를 ③에 올려 약불에서 10분 익히고 쪽파를
올린 뒤, 10분간 뜸 들여 낸다.

>> **조리 시간 30~35분**

갈치 솥밥

은은한 바다 내음과 구운 갈치의 고소한 향을 느낄 수
있는 솥밥입니다. 담백하고 정갈한 맛은 오래도록
여운을 남깁니다.

● **재료(2인분)**

쌀 1컵, 물 1컵, 갈치(토막낸 것) 150g, 쪽파(송송 썬 것) 20g,
들기름 2큰술, 진간장 1큰술, 쯔유 2큰술, 소금 약간

만드는 방법

① 쌀은 30분간 미리 불려 놓는다. 갈치는 소금을 뿌려 20분간
재워 둔다.
② 들기름을 두른 팬에 갈치를 노릇하게 굽고 꺼낸다.
③ 솥에 불린 쌀을 물, 진간장, 쯔유를 넣어 중강불에서 5분 끓이다
약불로 줄여 10분 익힌다.
④ ③에 쪽파와 ②를 순서대로 올리고 10분간 뜸 들여 낸다.

>> **조리 시간 30분**

전복 솥밥

고소하고 쫄깃한 전복이 밥과 어우러져 고급스러운 감칠맛이 나는 솥밥입니다.
중요한 자리에 특별한 식사로도 손색없는 만족감을 전해 줍니다.

● **재료(2인분)**

쌀 1컵, 다시마 육수 1컵, 전복 200g,
쯔유 1/2큰술, 맛술 1/2큰술, 다진 마늘 1큰술,
참기름 1큰술, 식용유 1/2작은술,
표고버섯(편 썬 것) 20g, 진간장 1/2큰술,
쪽파(송송 썬 것) 10g, 부추(송송 썬 것) 10g

● **곁들임용 양념 A**

쪽파(다진 것) 2작은술, 다진 마늘 1/2큰술,
진간장 2큰술, 고춧가루 1작은술,
설탕 1작은술, 참기름 1/2큰술, 통깨 1작은술

만드는 방법

① 쌀은 30분간 미리 불리고, 전복은 손질하여 내장과 전복 살을 분리해 놓는다.
② 팬에 참기름과 식용유를 두르고 ①의 전복 살과 표고버섯을 볶다가 진간장을 넣어 간을 맞춰
따로 둔다.
③ 내장은 다져 맛술로 밑간한 뒤 마늘, 불린 쌀과 함께 넣어 볶는다.
④ 솥에 ③과 육수, 쯔유를 넣고 ②의 표고버섯을 올려 중강불에서 5분, 뚜껑을 덮고 약불로 줄여
10분 익힌다. 이어 쪽파, 부추와 ②의 전복 살을 올려 10분간 뜸 들이는 동안 A를 만들어 곁들인다.

>> 조리 시간 30~35분

연어 솥밥

신선한 연어의 부드럽고 고소한 맛이 밥에 배어 담백하면서도 풍부한 맛을
완성합니다. 영양까지 풍부해 건강하게 즐길 수 있습니다.

● **재료(2인분)**

쌀 1컵, 다시마 육수 1컵,
연어 필렛(껍질 제거한 것) 100g,
올리브유 1큰술, 소금 약간,
쪽파(다진 것) 35g

● **간 맞춤용 양념 A**

맛술 1큰술, 쯔유 1/2큰술

● **간 맞춤용 양념 B**

맛술 1/2큰술, 쯔유 1과 1/2큰술

만드는 방법

① 쌀은 30분간 미리 불려 놓는다.
② 연어에 소금을 뿌려 밑간한 뒤, 팬에 올리브유를 두르고 겉면만 살짝 굽다가
A를 넣고 약간만 간이 스며들게 한다.
③ 솥에 불린 쌀과 육수를 부은 뒤 B를 넣고 중강불에서 5분간 끓이다 ②를 올리고
약불로 10분간 익힌다.
④ ③에 쪽파를 올리고 뚜껑을 덮어 10분간 뜸을 들여 낸다.

>> 조리 시간 30분

모둠 버섯 솥밥

다양한 버섯을 듬뿍 넣어 향긋하고 깊은 맛을 살렸습니다. 간장과 참기름으로
담백하게 마무리해 누구나 속 편안하게 즐길 수 있습니다.

● **재료(2인분)**

쌀 1컵, 물 1컵, 표고버섯 70g, 만가닥버섯 40g, 느타리버섯 40g,
새송이버섯 30g, 올리브유 1큰술, 진간장 2큰술, 버터 15g, 쪽파(송송 썬 것) 15g

● **곁들임용 양념 A**

쪽파(송송 썬 것) 10g, 다진 마늘 1/2큰술, 진간장 4큰술, 설탕 1큰술,
고춧가루 1작은술, 참기름 1큰술, 통깨 1큰술, 청양고추 1/2개

만드는 방법

① 쌀은 30분간 미리 불려 놓은 뒤 물과 함께 솥에 넣고 중강불에서 5분 끓이다
약불로 줄여 10분간 익힌다.
② 모든 버섯은 깨끗히 손질한 뒤 먹기 좋게 자른다.
③ 냄비에 올리브유와 진간장을 두르고 ②를 볶다가, 버터를 넣어 더 볶는다.
④ 솥에 ③을 넣고 주걱으로 섞은 다음 쪽파를 뿌려 10분간 뜸을 들인다. 그 사이
A를 만들어 곁들인다.

>> **조리 시간 30~35분**

꼬마 새송이버섯 솥밥

탱글한 새송이버섯과 아삭한 무가 조화를 이루어 담백하고 깔끔한 맛을 내는 솥밥입니다. 버섯의 고소함과 무의 달큰한 향이 구수한 여운을 남깁니다.

● **재료(2인분)**

쌀 1컵, 채소 육수 1컵, 꼬마 새송이버섯 60g, 무 150g,
대파(송송 썬 것) 15g, 들기름 1/2큰술, 검은깨 1작은술

만드는 방법

① 쌀은 30분간 미리 불려 놓는다. 무는 3~4cm 길이로 도톰하게
채 썰고, 꼬마 새송이버섯은 먹기 좋게 다듬는다.
② 솥에 들기름을 두르고 ①의 무와 쌀을 볶는다.
③ 육수를 부어 중강불에서 5분 끓이다 약불로 줄여 10분간 익힌다.
④ 팬에 ①의 새송이버섯을 구워 ③에 대파와 함께 올리고 10분간
뜸 들인 뒤 검은 깨를 뿌려 마무리한다.

>> **조리 시간 20분**

양송이버섯 솥밥

양송이버섯의 은은한 향과 발사믹식초로 이국적인 풍미를 살린 솥밥입니다. 이색적인 별미로 즐길 수 있는 한 그릇입니다.

● **재료(2인분)**

쌀 1컵, 채소 육수 1컵, 양송이버섯(한 입 크기로 썬 것) 100g,
쪽파(송송 썬 것) 10g, 버터 15g, 올리브유 1큰술, 발사믹식초 1큰술

만드는 방법

① 쌀은 30분간 미리 불려 놓는다.
② 팬에 올리브유를 두르고 양송이버섯을 볶는다. 색이 변하면
발사믹식초를 넣어 졸인다.
③ 솥에 불린 쌀과 육수와 버터를 넣어 중강불에서 5분 정도
뚜껑을 덮고 끓인다. 이어 약불로 줄여 10분간 익힌다.
④ ③에 쪽파와 ②를 올리고 뚜껑을 덮고 10분간 뜸 들여 낸다.

>> **조리 시간 30~35분**

묵직한 겨울의 깊은 맛을 담아
속까지 따뜻해지는 솥밥

찬바람이 부는 계절, 따끈한 밥 냄새는 그 자체로
위로가 됩니다. 겨울 솥밥은 뜨끈한 김을 내뿜으며
식탁 위에 포근한 온기를 불어넣습니다. 부드러운
고기와 진한 국물, 그 맛을 더욱 살리는 양념까지
무겁지 않으면서도 든든한 겨울 재료들이 솥 속에서
한데 어우러지죠. 김이 모락모락 오르는 솥뚜껑을 여는
순간, 속이 따뜻해지는 기분과 함께 입가에 절로 미소가
번질 겁니다. 추위에 지친 몸과 마음 모두를 달래 줄
겨울 솥밥, 지금 바로 만나 보세요.

굴 솥밥

겨울철 바다의 우유라 불리는 굴은 영양가 높고 아연이
풍부해 피로 회복에 좋습니다. 무를 함께 넣어 지은
굴 솥밥은 특유의 바다 향에 은은한 고소함이 더해져
한층 깊고 인상적인 맛을 냅니다.

● **재료(2인분)**

쌀 1컵, 다시마 육수 2/3컵, 굴 80g,
무 100g, 당근 10g, 쪽파(송송 썬 것) 3g,
들기름 1작은술

● **곁들임용 양념 A**

진간장 1큰술, 참기름 1작은술, 맛술 1작은술,
올리고당 1/2작은술, 식초 1/2작은술,
고춧가루 약간, 쪽파(송송 썬 것) 3g, 통깨 약간

① 쌀은 미리 30분간 불려 놓는다. 무와 당근은
채 썰어 팬에 들기름을 두른 뒤 볶는다.
② 솥에 ①의 무와 당근 절반을 불린 쌀과 함께
넣어 섞고, 나머지는 위에 올린다.
③ ②에 육수를 붓고 중강불에서 5분 끓인 뒤
굴을 넣고 약불에서 10분간 익힌다.
④ 불을 끄고 10분간 뜸 들인 후 쪽파를 얹고
A를 만들어 곁들인다.

>> 조리 시간 30분

들깨 시래기 솥밥

구수한 시래기와 고소한 들깨 향이 어우러진 영양 가득한 솥밥입니다.
부드럽고 따뜻한 맛이 속까지 든든하게 채워 줍니다.

● **재료(2인분)**

쌀 1컵, 다시마 육수 1컵,
시래기 40g, 쯔유 1큰술

● **밑간용 양념 A**

들깻가루 1큰술, 들기름 2와 1/2큰술,
쯔유 1큰술, 참치액 1큰술, 소금 약간

● **곁들임용 양념 B**

진간장 1큰술, 참기름 1작은술, 맛술 1작은술,
올리고당 1/2작은술, 식초 1/2작은술, 고춧가루
약간, 쪽파(송송 썬 것) 3g, 통깨 약간

● **선택 재료 C**

들깨, 들기름

● **만드는 방법**

① 쌀은 30분간 미리 불려 놓는다.
② 시래기는 삶아 **A**로 무친다.
③ 솥에 불린 쌀과 육수, 쯔유를 넣고 섞은 뒤,
②를 올리고 중강불에서 뚜껑을 덮고 끓인다.
④ 끓으면 약불에서 10분 익히다가 불을 끄고
10분 뜸 들인다. 그 사이 **B**를 만들어 곁들이고,
기호에 따라 **C**를 더한다.

>> 조리 시간 40분

스테이크 솥밥

두툼한 스테이크가 밥과 어우러져 육즙과 고기 풍미를 한껏 느낄 수 있습니다.
특별한 날에도 잘 어울리는 고급스럽고 든든한 한 끼입니다.

● **재료(2인분)**

쌀 1컵, 다시마 육수 1컵,
등심(먹기 좋은 크기로 자른 것) 250g,
마늘(편 썬 것) 25g, 양파(채 썬 것) 50g,
쪽파(송송 썬 것) 20g, 버터 20g,
달걀 노른자 1개

● **밑간용 양념 A**

소금 1/2작은술, 후추 약간,
쯔유 1큰술

● **선택 재료 C**

통마늘, 버터

만드는 방법

① 솥에 버터, 마늘, 양파와 30분간 미리 불린 쌀을 넣어 볶는다.
② ①의 솥에 육수와 쯔유를 넣고 중강불에서 5분 끓이다 뚜껑을 덮는다.
이어 약불로 줄여 10분간 밥을 짓는다.
③ 등심은 **A**로 밑간하여 팬에 노릇하게 굽는다.
④ ②에 ③과 달걀 노른자, 쪽파를 올리고 뚜껑을 덮어 10분간 뜸 들여 낸다.
기호에 따라 통마늘과 버터를 올려 먹는다.

>> **조리 시간 30~35분**

들깨 미역 솥밥

미네랄이 풍부한 미역에 고소한 들깨가 더해져 깊고 구수한 풍미를 자아냅니다.
바다의 청정함이 담긴 따뜻한 한 그릇입니다.

● **재료(2인분)**

쌀 1컵, 멸치 다시마 육수 1컵,
미역(말린 것) 10g, 들깻가루 1큰술,
무(나박 썬 것) 150g, 들기름 1큰술,
다진 마늘 1작은술, 쯔유 2큰술,

● **곁들임용 양념 A**

진간장 1큰술, 참기름 1작은술, 맛술 1작은술,
올리고당 1/2작은술, 식초 1/2작은술,
고춧가루 약간, 쪽파(송송 썬 것) 3g, 통깨 약간

만드는 방법

① 쌀은 30분, 미역은 15분 이상 미리 불려 놓는다.
② 솥에 들기름을 둘러 무를 볶다가 마늘, 쯔유와 ①을 넣고 함께 볶는다.
③ 육수를 부어 중강불에서 5분 끓이다 뚜껑을 닫고 약불에서 10분 익힌다.
이어 불을 끄고 10분간 뜸 들인다.
④ ③에 들깻가루를 뿌려서 섞고 A를 만들어 곁들인다.

>> **조리 시간 30~35분**

불고기 솥밥

달짝지근한 불고기 양념이 밥에 스며들어 부드럽고 깊은 맛을 냅니다. 당근과
쪽파를 곁들여 식감과 색감을 더했고, 자극적이지 않아 아이들도 부담 없이 즐길 수
있습니다.

● **재료(2인분)**

쌀 1컵, 다시마 육수 1컵, 소고기(불고기용) 200g,
당근(채 썬 것) 50g, 쪽파(송송 썬 것) 10g,
달걀 노른자 1개

● **밑간용 양념 A**

진간장 1큰술, 맛술 1큰술, 다진 마늘 1큰술,
꿀 1큰술, 설탕 1큰술, 후추 약간

만드는 방법

① 쌀은 30분간 미리 불려 놓는다.
② A로 양념한 뒤 미리 1시간 재워 둔 소고기를 당근과 함께 볶아 따로 둔다.
③ 불린 쌀을 볶아 솥에 옮기고, 육수를 넣어 중강불에서 5분 끓이다 약불로 줄여 10분간 익힌다.
④ ③에 ②를 올리고 뚜껑을 덮은 뒤 약불에서 10분간 뜸을 들이다 달걀 노른자와 쪽파를 넣어
마무리한다.

>> **조리 시간 30분**

마 솥밥

부드럽고 건강한 마가 밥에 은은한 단맛과 촉촉한 식감을 더해 줍니다. 속에 부담
없이 부드럽게 넘어가는 건강한 솥밥입니다.

● **재료(2인분)**

쌀 1컵, 물 1컵, 마 80g,
아스파라거스(어슷 썬 것) 45g

● **곁들임용 양념 A**

양조간장 1큰술, 고춧가루 1작은술,
올리고당 1작은술, 참기름 1작은술,
통깨 1/2작은술, 쪽파(송송 썬 것) 3g

만드는 방법

① 쌀은 30분간 미리 불려 놓는다.
② 마는 껍질을 벗겨 깍뚝썰기해 놓는다.
③ 솥에 불린 쌀과 물을 넣고 중강불에서 끓이다 물이 끓으면 마를 올린다.
이어 약불로 줄여 10분간 익힌다.
④ 아스파라거스를 ③에 올리고 10분간 뜸 들인 뒤, A를 만들어 곁들인다.

>> 조리 시간 30분

무말랭이 솥밥

쫄깃한 무말랭이를 고소하게 볶아 밥과 함께 지어낸 솥밥입니다. 깊은 감칠맛과
담백한 구수함이 정겨운 저녁 밥상으로 잘 어울립니다.

● 재료(2인분)

쌀 1컵, 다시마 육수 1컵, 무말랭이(말린 것) 20g,
표고버섯(말린 것) 10g, 호박고지 10g,
깨소금 1작은술, 대파(송송 썬 것) 6g

● 무침용 양념 A

들기름 1/2큰술, 다진 마늘 1작은술,
국간장 1/2큰술, 대파(다진 것) 3g

① 쌀과 무말랭이, 호박고지, 표고버섯은
30분간 미리 불려 놓는다.
② 불린 무말랭이, 호박고지, 표고버섯에
A를 넣어 무친다.
③ 솥에 불린 쌀과 ②를 올리고 육수를 붓는다.
④ 중강불에서 5분 끓이다 뚜껑을 덮고 약불로
줄여 10분 익힌다. 다시 10분간 뜸을 들이고
깨소금과 대파를 고명으로 올려 낸다.

>> 조리 시간 30분

닭고기 우엉 솥밥

쫄깃한 닭고기와 아삭한 우엉이 조화를 이루는 솥밥입니다. 간장 양념으로
은은하게 간을 더해 담백하면서도 깊은 맛을 즐길 수 있습니다.

● **재료(2인분)**

쌀 1컵, 다시마 표고 육수 1컵, 닭 다리 살 150g,
우엉 50g, 치킨스톡 1/2작은술, 버터 10g,
세발나물 20g, 팽이버섯(자른 것) 20g,
당근(채 썬 것) 60g

● **밑간용 양념 A**

소금 약간, 후추 약간

● **밑간용 양념 B**

다진 마늘 1작은술, 간장 1과 1/2큰술,
맛술 1큰술, 설탕 1/2큰술,
참기름 1/2작은술, 후추 약간

만드는 방법

① 쌀은 미리 30분간 불려 놓는다. 우엉은 채 썰어 물에 담가 아린 맛을 제거한다.
② 닭 다리 살을 **A**로 밑간해 **B**에 넣고 재워 팬에 볶는다. 다른 팬으로 우엉, 당근,
세발나물, 팽이버섯도 덖어 놓는다.
③ 솥에 버터를 녹여 ①의 쌀을 볶고 육수, 치킨스톡을 넣는다. 이어 중강불에서 5분 끓이다
약불로 줄여 10분간 익힌다.
④ 불을 끄고 ②를 넣고 10분간 뜸 들인다.

>> **조리 시간 40분**

소고기 라구 솥밥

진한 토마토 향과 향신료가 어우러진 라구 소스가 입맛을 사로잡습니다. 부드러운
소고기가 촉촉하게 어우러져 깊고 풍부한 맛으로 이탈리아에 와 있는 것 같은
기분을 선사합니다.

● **재료(2인분)**

쌀 1컵, 멸치 다시마 육수 1컵,
소고기(다진 것) 160g, 토마토 소스 2컵,
버터 10g, 셀러리(다진 것) 100g,
셀러리 잎 10g, 양파(다진 것) 100g,
양송이버섯(슬라이스한 것) 70g,
다진 마늘 1큰술, 치킨스톡 1/2작은술,
쯔유 1큰술, 올리브유 3큰술

● **밑간용 양념 A**

쯔유 1큰술, 맛술 2큰술,
소금 약간, 후추 약간

● **볶음용 양념 B**

맛술 1큰술, 소금 약간,
후추 약간

만드는 방법

① 쌀은 미리 30분간 불리고, 소고기는 A로 밑간한 뒤 팬에 마늘과 올리브유 2큰술을 둘러
중불에서 반쯤 익을 때까지 볶는다.
② ①의 소고기에 다진 셀러리, 양파, B를 넣어 중강불에서 볶은 뒤, 토마토 소스와 버터,
치킨스톡을 넣고 약불에서 30분간 졸인다.
③ 솥에 ①의 쌀, 육수, 쯔유를 넣고 중강불에서 5분 끓인 뒤 ②와 셀러리 잎, 양송이버섯을
올리고 약불에서 10분간 더 익힌다.
④ 불을 끄고 10분 뜸을 들인 후 올리브유 1큰술을 뿌려 낸다.

>> **조리 시간 50~55분**

뿌리채소 솥밥

고구마, 연근, 당근, 마 같은 뿌리채소를 듬뿍 넣어 지은 밥은 각 재료의 달콤함과
고소한 맛이 자연스럽게 어우러집니다. 맛도 훌륭하지만 몸에 좋은 영양이 가득해
건강한 한 끼로 제격입니다.

● **재료(2인분)**

쌀 1컵, 찹쌀 1/2컵, 다시마 멸치 육수 1과 1/2컵,
연근 35g, 고구마 35g, 당근 35g,
마(껍질 벗긴 것) 35g, 부추 20g,
참기름 2큰술, 간장 2큰술, 청주 1큰술

만드는 방법

① 쌀과 찹쌀은 30분간 미리 불려 놓는다. 연근, 고구마, 당근은 깍뚝썰기하여
참기름에 볶아 반쯤 익힌다.
② 솥에 ①과 육수, 간장, 청주를 넣고 중강불에서 5분간 끓인다.
③ 마는 깍뚝설기로 썰어 넣고 약불에 10분간 익힌다.
④ 불을 끄고 10분간 뜸 들인 뒤 참기름, 부추를 썰어 넣어 마무리한다.

>> **조리 시간 30분**

아보카도 명란 솥밥

부드러운 아보카도의 크리미함과 명란의 짭조름함이 만나 입안에서 조화로운 감칠 맛이 펼쳐집니다. 고소함과 풍미가 어우러져 한 숟갈마다 특별한 만족감을 선사합니다.

● **재료(2인분)**

쌀 2/3컵, 찹쌀 1/3컵, 다시마 육수 1컵,
명란 100g, 아보카도 180g,
마늘(편 썬 것) 30g, 무순 약간, 달걀 노른자 1개,
버터 30g, 국간장 1큰술, 통깨 약간

만드는 방법

① 솥에 30분간 미리 불린 쌀과 찹쌀, 육수, 버터, 국간장, 마늘을 넣고 중강불에서 5분 끓이다 약불로 줄여 10분간 익힌다.
② 명란은 껍질을 제거해 다져 놓고, 아보카도도 편 썰어 모양을 만들어 놓는다.
③ ①에 ②를 올리고 뚜껑을 닫아 10분간 뜸 들인다.
④ ③에 달걀 노른자, 통깨, 무순을 올려 낸다.

>> 조리 시간 30~35분

삼치 솥밥

노릇하게 구운 삼치에 간간한 양념을 곁들여 깔끔하고 고소한 맛을 더한 솥밥입니다.
은은한 바다의 풍미가 입안에서 맴돌며 여운을 남깁니다.

● **재료(2인분)**

쌀 1컵, 표고버섯 육수 1컵,
삼치 필렛 200g, 쪽파(송송 썬 것) 30g,
홍고추(썬 것) 20g

● **밑간용 양념 A**

된장 1/2큰술, 맛술 2큰술,
참기름 1큰술

① 쌀은 30분간 미리 불려 놓는다.
② 삼치는 **A**로 밑간해 팬에 노릇하게 굽는다.
③ 솥에 불린 쌀과 육수를 넣고 뚜껑을 덮어
중강불에서 5분 끓인다.
④ 약불로 줄여 10분 정도 끓인 뒤 ②와 쪽파를
뿌리고 홍고추를 올려 10분간 더 뜸을 들인다.

>> 조리 시간 30~35분

장조림 버터 솥밥

짭조름한 장조림에 고소한 버터를 더해 감칠맛을
살린 솥밥입니다. 부드러운 달걀과 함께 익숙하고
든든한 집밥의 식탁을 완성합니다.

● 재료(2인분)

쌀 1컵, 물 1컵, 소고기 장조림 100g, 버터 10g,
달걀 노른자 2개, 통깨 1/2작은술

만드는 방법

① 쌀은 30분간 미리 불려 놓는다.
② 솥에 불린 쌀과 물을 넣고 중강불에서 5분 끓이다 약불로 줄여
10분간 익힌다.
③ 소고기 장조림을 올린 뒤 뚜껑을 덮고 10분간 뜸 들인다.
④ 달걀 노른자와 버터, 통깨를 올려 마무리한다.

>> 조리 시간 30분

팥 솥밥

고소한 팥에 쌀, 배추, 표고버섯이 어우러져 은은한
단맛과 깊은 담백함을 전합니다. 겨울철 즐겨 먹는
솥밥으로 정갈하고 포근한 맛이 특징입니다.

● 재료(2인분)

쌀 1컵, 물 1컵, 팥 50g, 소금 1/2작은술,
배추 50g, 표고버섯 30g

만드는 방법

① 쌀은 30분, 팥은 2시간 이상 미리 불려 놓는다.
② 솥에 ①과 물, 배추, 얇게 썬 표고버섯, 소금을 넣고 섞는다.
③ 뚜껑을 덮고 중강불에서 5분 끓이다 약불로 줄여 10분간
익힌다.
④ 불을 끄고 뚜껑을 덮은 채 10분 뜸 들여 낸다.

>> 조리 시간 30분

홍합 솥밥

시원한 바다 향을 머금은 홍합이 밥에 해산물의 진한 맛을 더합니다. 깔끔하면서도
깊은 맛과 인상적인 향이 가득한 솥밥입니다.

● **재료(2인분)**

쌀 1컵, 물 1컵, 홍합 살 350g, 참기름 1작은술,
쯔유 1/2작은술, 맛술 1/2작은술,
쪽파(송송 썬 것) 15g

● **곁들임용 양념 A**

쪽파(송송 썬 것) 15g, 진간장 3큰술,
멸치액젓 1과 1/2큰술, 물 3큰술,
매실액 1큰술, 고춧가루 약간,
참기름 1/2작은술, 통깨 약간

만드는 방법

① 30분간 미리 불린 쌀을 참기름을 두른 솥에 홍합 살과 함께 볶다가 물, 쯔유, 맛술을 넣는다.
② 중강불에서 5분 끓인 후 뚜껑을 닫고 약불로 줄여 10분 더 익힌다.
③ 불을 끈 뒤 쪽파를 ②에 올려 10분간 뜸을 들인다.
④ A를 만들어 곁들인다.

>> **조리 시간 30분**

명란 구이 솥밥

잘 익은 부드러운 명란이 올라간 솥밥으로 씹을 때마다 바다의 내음과 짭짤한 풍미를 느낄 수 있습니다. 간단하지만 특별한 맛으로 만족스러운 밥 한 그릇이 완성됩니다.

● 재료(2인분)

쌀 1컵, 다시마 육수 1컵, 명란젓 80g,
마늘(편 썬 것) 20g, 표고버섯 30g,
쪽파(송송 썬 것) 50g, 버터 7.5g,
간장 1/2큰술, 맛술 1/2큰술,
쯔유 1큰술, 참기름 1작은술

만드는 방법

① 쌀은 30분간 미리 불려 놓는다.
② 버터를 녹인 솥에 명란젓을 구워 꺼내고,
표고버섯은 2/3만 썰어 마늘과 함께 간장을 넣어
볶는다. 나머지 버섯은 남겨 둔다.
③ ②의 솥에 불린 쌀, 쯔유, 맛술, 육수를 넣어 중강불
에서 5분, 약불에서 10분간 익힌다.
④ 나머지 표고버섯과 쪽파, ②의 명란젓을 ③에 올린
뒤, 10분간 뜸 들이고 참기름을 뿌려 마무리한다.

>> 조리 시간 30~35분

항정살 솥밥

육즙 가득한 항정살과 잘 지어진 밥이 어우러져
고소하고 진한 풍미를 냅니다. 쫄깃한 식감과 은은한
불향이 입맛을 돋웁니다.

● **재료(2인분)**

쌀 1컵, 물 1컵, 항정살(먹기 좋은 크기로 자른 것) 150g,
다진 마늘 1큰술, 참나물 30g, 진간장 2큰술,
매실청 3큰술, 맛술 2큰술

만드는 방법

① 쌀은 30분간 미리 불려 놓는다.
② 항정살은 노릇하게 구워 둔다.
③ 솥에 불린 쌀과 물, 간장, 매실청, 맛술을 넣고 중강불에서 5분
끓이다 뚜껑을 덮어 약불로 줄여 10분간 익힌다.
④ 참나물, 마늘, 항정살을 올리고 뚜껑을 덮어 10분간 뜸을
들여 낸다.

>> **조리 시간 30분**

꼬막 솥밥

신선한 꼬막의 시원한 육즙이 밥에 배어 은은한 바다
향이 입안을 감쌉니다. 담백하고 풍성한 맛으로 누구나
부담 없이 즐길 수 있습니다.

● **재료(2인분)**

쌀 1컵, 물 1컵, 꼬막(삶아서 껍질을 깐 것) 150g,
쯔유 1큰술, 맛술 1큰술, 부추(송송 썬 것) 15g

만드는 방법

① 꼬막은 깨끗이 헹군 뒤, 맛술로 밑간한다.
② 30분간 미리 불린 쌀을 솥에 담고 물과 쯔유를 넣어
중강불에서 5분간 끓인다.
③ 끓으면 부추와 ①을 올려 뚜껑 닫고 약불에서
10분 정도 익힌다.
④ 불을 끄고 10분간 뜸 들여 낸다.

>> **조리 시간 30분**

솥밥에 곁들이면 좋은 반찬들

간단하면서도 맛있는 곁들임 반찬을 몇 가지 함께 내기만 해도 근사한 밥상이 완성됩니다. 손쉽게 준비할 수 있으면서 풍미를 더해 주는 반찬들은 솥밥의 맛을 한층 돋보이게 해 줍니다.

● **재료**

고사리(삶은 것) 150g, 들기름 1큰술,
다진 마늘 1/2큰술, 국간장 1작은술,
물 2큰술, 소금 약간

만드는 방법

고사리를 5cm 길이로 자른 뒤, 팬에 들기름과
마늘을 넣고 함께 볶는다. 국간장과 물을 넣어
3~4분간 더 볶고 소금으로 간한다.

● **재료**

궁채 줄기(데친 것) 150g, 들기름 1큰술,
들깻가루 1큰술, 다진 마늘 1/2큰술,
소금 약간, 물 2큰술

만드는 방법

궁채를 5cm 길이로 썰어 물기를 가볍게 짠 뒤,
팬에 들기름과 마늘을 넣고 볶는다. 물과 들깻
가루를 넣어 2~3분간 더 볶고 소금으로 간한다.

● **재료**

알배추 150g

● **무침용 양념 A**

고춧가루 1큰술, 액젓 1큰술,
다진 마늘 1/2작은술, 설탕 1/2작은술,
참기름 1작은술, 통깨 약간

만드는 방법

배추는 한 잎씩 떼어 씻은 뒤 물기를 빼고 먹기
좋게 자른 다음, **A**를 넣고 버무린다.

● **재료**

오이 1개, 부추 30g

● **무침용 양념 A**

고춧가루 1큰술, 식초 1큰술, 진간장 1/2큰술,
설탕 1/2큰술, 다진 마늘 1/2작은술,
참기름 1작은술, 통깨 1작은술, 소금 약간

만드는 방법

오이는 4등분으로 갈라 어슷하게 썰고 부추는
4~5cm 길이로 썬 뒤, 볼에 A와 함께 넣고 가볍게
무친다.

오이 부추 무침

꽈리고추 조림

● **재료**

꽈리고추 100g, 통깨 1작은술

● **조림용 양념 A**

진간장 1큰술, 맛술 1큰술,
다진 마늘 1/2작은술, 참기름 1작은술,
물 2큰술

만드는 방법

꽈리고추는 꼭지를 떼고 씻어 물기를 뺀 뒤, 냄비에
양념 A와 함께 넣고 중약불에서 5~6분간 조린다.
국물이 자작해지면 불을 끄고 통깨를 뿌린다.

● **재료**

열무 300g, 소금(굵은 것) 1큰술

● **무침용 양념 A**

고춧가루 1큰술, 액젓 1큰술,
다진 마늘 1/2작은술, 설탕 1/2작은술,
참기름 1작은술, 통깨 약간

만드는 방법

열무는 씻어 3~4cm 길이로 썬 뒤 소금에
30분간 절여 헹구고, A에 버무려 반나절 정도
익힌다.

열무 김치

099

● **재료**

도라지 100g, 소금 1작은술

● **무침용 양념 A**

고춧가루 1큰술, 식초 1큰술, 설탕 1/2큰술,
다진 마늘 1/2작은술, 참기름 1작은술

만드는 방법

도라지를 가늘게 찢어 소금에 10분간 절인 뒤
찬물에 헹궈 쓴맛을 제거하여 A에 무친다.

● **재료**

느타리버섯 100g, 식용유 1큰술,
참기름 1작은술, 통깨 약간

● **간 맞춤용 양념 A**

간장 1큰술, 다진 마늘 1/2작은술

만드는 방법

버섯은 먹기 좋게 찢거나 썰어 식용유를 두른
팬에 볶는다. 이후, A로 간하고 그 위에 참기름과
통깨를 뿌린다.

● **재료**

무 200g, 소금 1/2작은술, 설탕 1작은술

● **무침용 양념 A**

고춧가루 1큰술, 식초 1큰술, 설탕 1작은술,
다진 마늘 1/2작은술, 소금 약간

만드는 방법

무는 가늘게 채 썰어 미리 소금과 설탕에 절여
둔다. 무의 물기를 적당히 제거하고 A로 무친다.

● **재료**

미역 줄기 100g, 식용유 1큰술,
다진 마늘 1/2작은술, 간장 1작은술,
참기름 1작은술, 통깨 약간

만드는 방법

미역 줄기는 깨끗이 헹궈 염분을 제거한 뒤 물기를
뺀다. 식용유에 마늘을 볶다가 미역 줄기를 넣어
함께 볶고, 간장으로 간을 하고 참기름과 통깨를
넣어 마무리한다.

미역 줄기 볶음

연근 조림

● **재료**

연근 150g, 식용유 1작은술, 참기름 1작은술,
식초 1큰술, 물 1과 1/3컵

● **조림용 양념 A**

간장 2큰술, 물 1/2컵, 설탕 1큰술

만드는 방법

연근은 껍질을 벗기고 얇게 썬 후 식초를 탄 물에
담가 전분을 제거한다. 팬에 식용유를 두르고 연
근을 볶다가 A를 넣어 조린 뒤, 참기름을 뿌린다.

● **재료**

배추 100g, 된장 1큰술,
다시마 육수 2컵, 다진 마늘 1/2작은술,
두부 50g, 대파(송송 썬 것) 10g

만드는 방법

냄비에 육수를 끓인 후 배추와 마늘을 넣고
끓인다. 이어 된장과 두부, 대파를 넣고 5분 더
끓인다.

배추 된장국

주재료별 색인

● 육류, 달걀, 가공육

소고기
갈빗살 대파 솥밥 · 047
불고기 솥밥 · 082
소고기 라구 솥밥 · 088
소고기 소보로 삼색 솥밥 · 024
소고기 콩나물 솥밥 · 038
스테이크 솥밥 · 079
시금치 소고기 솥밥 · 020
우삼겹 참송이버섯 솥밥 · 060
차돌박이 숙주 솥밥 · 058

돼지고기
대패삼겹살 김치 솥밥 · 039
마늘종 돼지고기 솥밥 · 030
항정살 솥밥 · 097

닭고기
닭고기 우엉 솥밥 · 086
닭고기 율무 솥밥 · 051
닭고기 토마토 솥밥 · 044
삼계 솥밥 · 041
치킨 데리야키 솥밥 · 031

달걀
소고기 소보로 삼색 솥밥 · 024

가공육
베이컨 양배추 솥밥 · 035
스팸 솥밥 · 040
장조림 버터 솥밥 · 093
토마토 소시지 올리브 솥밥 · 055

● 곡물 · 씨앗류

곡물
고등어 귀리 솥밥 · 062
닭고기 율무 솥밥 · 051

씨앗
들깨 시래기 솥밥 · 078
들깨 미역 솥밥 · 080
밤 솥밥 · 068
팥 솥밥 · 093

● 버섯류
꼬마 새송이버섯 솥밥 · 075
모둠 버섯 솥밥 · 074
문어 표고버섯 솥밥 · 061
양송이버섯 솥밥 · 075
우삼겹 참송이버섯 솥밥 · 060

● 채소류

열매채소
가지 솥밥 · 048
꽈리고추 솥밥 · 050
관자 애호박 솥밥 · 033
단호박 감자 솥밥 · 036
닭고기 토마토 솥밥 · 044
아보카도 명란 솥밥 · 091
옥수수 게맛살 솥밥 · 066
초당옥수수 솥밥 · 054
토마토 소시지 올리브 솥밥 · 055

잎채소
곤드레 솥밥 · 016
들깨 시래기 솥밥 · 078
베이컨 양배추 솥밥 · 035
소고기 소보로 삼색 솥밥(부추 포함) · 024
시금치 소고기 솥밥 · 020

줄기채소
갈빗살 대파 솥밥 · 047
고사리 솥밥 · 022
단호박 감자 솥밥 · 036
마늘종 돼지고기 솥밥 · 030
바지락 미나리 솥밥 · 027

소고기 콩나물 솥밥 · 038

아스파라거스 솥밥 · 018

죽순조림 솥밥 · 019

참치 양파 솥밥 · 034

차돌박이 숙주 솥밥 · 058

콩나물 솥밥 · 026

뿌리채소

고구마 솥밥 · 056

꼬마 새송이버섯 솥밥(무 포함) · 075

닭고기 우엉 솥밥 · 086

마 솥밥 · 084

무말랭이 솥밥 · 085

뿌리채소 솥밥 · 090

● **해산물, 가공 해산물**

생선

가자미 솥밥 · 033

갈치 솥밥 · 069

고등어 귀리 솥밥 · 062

도미 솥밥 · 032

민어 솥밥 · 052

삼치 솥밥 · 092

연어 솥밥 · 072

연어 스테이크 솥밥 · 065

어묵 멸치 솥밥 · 028

장어 솥밥 · 043

전어 솥밥 · 064

낙지, 오징어

낙지 솥밥 · 061

버터 오징어 솥밥 · 042

해물 파에야 솥밥(오징어 포함) · 046

새우

새우 솥밥 · 055

해물 파에야 솥밥 · 046

조개

관자 애호박 솥밥 · 033

굴 솥밥 · 076

바지락 미나리 솥밥 · 027

전복 솥밥 · 070

홍합 솥밥 · 094

꼬막 솥밥 · 097

가공 해산물

문어 솥밥 · 069

문어 표고버섯 솥밥 · 061

명란 구이 솥밥 · 096

소라장 솥밥 · 035

아보카도 명란 솥밥 · 091

어묵 멸치 솥밥 · 028

옥수수 게맛살 솥밥 · 066

참치 양파 솥밥 · 034

● **해조류**

들깨 미역 솥밥 · 080

톳 솥밥 · 027

지은이 **맛있는 테이블**

누구나 손쉽게 완성할 수 있는 따뜻한 테이블 레시피를 만들기 위해 노력한다. 간결하지만 알찬 설명으로, 요리 생초보는 물론 숙련자까지 요리의 즐거움을 느낄 수 있는 책을 만들어 행복한 테이블을 선사하려 한다.

요리 진행 **육정민**

15세에 한식 조리 기능사 자격증을, 16세에는 양식, 일식 조리 자격증을 취득하며 요리사가 되었다. 이후 호주 멜버른에서 수세프에서 헤드셰프를 거치며 다채로운 경험을 쌓았다. 현재는 창업 컨설팅과 메뉴 개발은 물론, 복지관이나 아동 센터에서 요리 강사로 활발히 활동하고 있다.

사진 **박원민**

계명대학교 사진영상디자인과를 졸업했다. 2016년 Studio One을 설립한 뒤 잡지, 출판물, 기업 브로슈어, 광고 등 다양한 분야에서 사진 작업을 활발히 이어 가고 있다.

착한 레시피북 1
오늘도 맛있게, 솥밥

1판 1쇄 펴냄 2025년 10월 24일

지은이	맛있는 테이블
요리 진행	육정민
사진	박원민
펴낸이	하진석
펴낸곳	참돌
주소	서울시 마포구 독막로3길 51
전화	02-518-3919
팩스	0505-318-3919
이메일	book@charmdol.com
ISBN	979-11-88601-60-8 13590